生命倫理と人間福祉

溝口　元 著

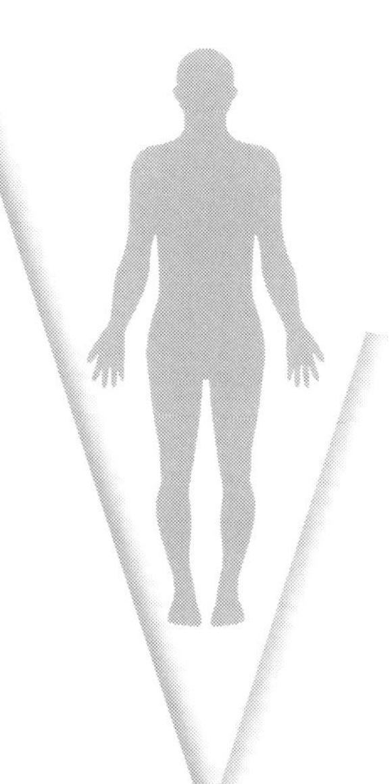

アイ・ケイ コーポレーション

はじめに

21世紀が進むに連れて，人間の生命への介入は衰えを知らない。19世紀ではもちろんのこと20世紀半ばまで空想，夢想，SFの世界でしかなかった生命操作が高度先端医療技術の形で実現し，ニュースのトップで報じられている。それが2010年代に入るとさらに加速されているようにみえる。まさに，生まれ，育ち，老いて，この世を去る，という人間のすべてのライフコースに医学・医療技術が関係するようになった。病院で生を受け，病院で命を閉じるのが一般的で，それ以外の時間もしばしば医療機関と関わりをもちながら人生を歩んでいくのである。すなわち「生きている間は『仮退院』の患者みたいなもの」（養老孟司，2015年9月1日「朝日新聞」）なのである。

1960年代前半までは，いわば地域のイベントとして出産や死亡があった。近隣で出産が始まると地域住民は総出で産婦人科医でなく助産師（当時の一般的な呼称は，お産婆さん）に可能な手伝いをし，新たな生命の誕生を祝った。また，日ごろからお世話になった方の終末も，皆で心配そうに自宅での様子を見守り，医師が死を判定するとすすり泣きの声が聞こえたものである。この半世紀の間の「生・死の医療化」という大きな変容の中で私たちは日々の生活を営んでいる。

さて，2010年のノーベル生理学医学賞は，体外受精による出産に関わる技術，いわゆる「試験管ベビー」の原理と技術を開発した英国のエドワーズ（Robert Edwards, 1926－）に授与された。この技術が科学的にも優れたものであることが認められたと捉えられるものである。翌年には，米国で妊婦の血液中に含まれる胎児のDNA断片等を解析して，胎児に先天異常などの有無を推定する「新型出生前診断（無侵襲的出生前遺伝学的検査）」が始まり，日本でも2013年4月から実施され，大きな話題となった（香山リカ，『新型出生前診断と「命の選択」』，祥伝社，2013年）。

そこでは，従来に比べ精度が高いとされるこの検査を受け，胎児に病気や障害のリスクが高いと判断された場合，実際に人工妊娠中絶を行っている事例が少なくないことが議論となった。なお，2012年には新生児の27人に1人が生殖医療(補助)技術を利用して出産していることが明らかになっている。東京都では，2016年春から不妊治療の費用助成に年齢制限を設け，42歳までとし，回数も40歳から42歳では3回とすると発表した。

さらに，生殖医療関係でいえば，代理出産の場合，産んだ女性が生まれた児の母であり，受精卵を提供し，出産依頼した遺伝的には繋がりがある夫婦は，生まれた児と養子縁組をしてもらうという形でガイドラインを整備しようという動きが2015年6月にはみられた。そして，同年10月には日本癌(がん)治療学会が，がんを患い手術等で卵巣機能が損なわれることが考えられる場合には，あらかじめ卵子を人工的に得てそれを凍結保存し，出産に備えることを医療行為として認めるという見解を出している。

こうした生まれるという人間の生命の出発点ばかりでなく，育ち，老いる過程でも新たな動きが目白押しである。1981年以来，死因の第1位はがんである。2006年に策定された「がん対策基本法」(平成18年法律第98号)が，見直され2012年から2016年度には「がん患者を含む国民が，がんを知り，がんと向き合い，がんに負けることのない社会を目指す」とした。そして，がん専門医の養成，緩和ケアの推進，がんの実態把握のための「全国がん登録」，さらに働く世代や子どもへのがん対策が盛り込まれた。全体目標は「がんになっても安心して暮らせる社会の構築」である。

がんといえば，2013年米国の女優で慈善事業にも熱心なアンジェリーナ・ジョリー(Angelina Jolie, 1975－)が乳がんや卵巣がんを発症する可能性がある遺伝子(BRCA1)に変異がみられたとして，発がんのリスクを抑えるため乳腺を切除する手術を行った。さらに，2015年には卵巣も切り取った。母親が卵巣がんのため56歳で亡くなったことが契機という。こうした行為に違和感も寄せられたが彼女の行為は，「アンジェリーナ効果」などとも呼ばれるようになった。

また，国際コンソーシアムを構築して，国際協力の下で研究が進められた「ヒトゲノム計画」では，21世紀に入り，このゲノム研究が進むにつれて遺伝情報に関するプライバシーの保護やそれを次世代にどのように伝えるべきか，管理は如何にすべきか，などの問題が生まれた。特定の疾病の罹患に対するリスクがゲノムから推定される場合，われわれはどのような態度でそれに臨むかの問題である。

そして，終末期医療では，人生の最後まで「食べる幸せ」を念頭に，患者が望む「リクエスト食」を提供することも行われている。まさに，「食べることと生きることは密接に結びついている」のである（2015年5月29日「毎日新聞」）。さらに，「終活」なる言葉も耳にするようになった。従来の遺産相続で分与に加えて介護，終末期医療，延命治療中断，葬儀，墓などを解説するセミナーも関心が高く人を集めている。2011年には映画「エンディングノート」も上映された。影響が大きく，法的効力はないとされるが，終末に当たって家族に自分の要望，自身人生や関わりがあった方へメッセージを残すこの「エンディングノート」も各種の様式が作成され記入例が紹介されている。

わが国では，死亡者の年齢の過半数が80歳を超えたのが2007年であった。この時期，病院で亡くなる方が80％に達するようになった。また，死の判定基準との関係からいえば，なんといっても2010年の「臓器移植法」の改正である。この改正によって本人が生前に意思表明をしていなくても家族の判断で脳死後の臓器提供や15歳未満でもそれが出来るなど大幅に緩和された。その結果，それ以前は1年間に数例だった脳死者からの臓器提供が，50例程度まで増加した。

とはいえ，医療に信頼がおけるかというとそうでもない。医療過誤と思えるような医療上の事故も頻発し，国民の医療不信もぬぐえない状況である。2008年から2014年にかけて千葉県がんセンターで腹腔鏡（ふっこうきょう）に膵臓（すいぞう）や肝臓の手術を受けた7名が死亡，2010年から2014年の間に群馬大学病院での同じく腹腔鏡で肝臓手術を受けた8人が死亡した事件。同年，東京女子医科大学で2歳の手術後の子どもに使用が禁忌とされた全身麻酔薬を投与したことが原因と考えられる死亡事故等々，いたたまれない事件が続発している。原因の解明や責任の所在，再発防止策等も納得できるものとは思えず高度医療機関への不信感も高まっている。そこで，2015年10月には「医療事故調査制度」が始まったが，調査報告書を遺族へ渡したり，再発防止策の記載が明記されないなど不満が残ったのであった。わたしたちは，今日，こうした状況をみてとることができるだろう。

本書は，『生命倫理と福祉社会』(2005年刊)の枠組みは保持しつつ，それ以降の動向を随所に取り入れ，内容的を大幅に加筆訂正したものである。当時以上に，生命倫理に関する知識や理解が広範にわたって必要になっている現代社会において，本書が人間福祉を念頭に生命倫理の現状と諸課題を鳥瞰し，新たな多様性社会・共生社会構築の一助になれば幸いである。

2015年10月

溝口　元

もくじ

I 部

生命倫理と人間福祉

[1] 生命倫理登場の背景

(1) 生命倫理の成立

「生命倫理」とは英語の bioethics(バイオエシックス)の訳語である。そのまま使われることも多い。まず，この言葉が登場してきた背景をみておこう。この語自体は1960年代末から使われていたといわれるが，社会的に知られるようになった契機は1971年に米国のがん研究者ポッター(Van Rensselear Potter)が著した『バイオエシックス－生存の科学』の出版であった。そこでは，食料，医療，人口，環境問題などの現代の人類が抱えている課題について今後生き延びるための「生存の科学」という色彩が強いものであった。この本のカバーには「生物学の知識と人間の価値を，とくに強調するためバイオエシックスということばを提案する」と記されている。さらに，本文中には「人間の生存は，生物学の知識にもとづいた新しい倫理学，バイオエシックスにかかっているといってよい」とも述べられている(今堀和友・小泉仰・斎藤信彦訳，ポッター『バイオエシックスー生存の科学』ダイヤモンド社，1974年)。

1960年代以降の生命科学，医療技術の進展に伴い人間個々人や人類の生存における実際的な場面での諸問題を生命科学，倫理学的立場から体系的に検討していくという今日的な意味での生命倫理は，1978年に米国のジョージタウン大学ケネディ研究所から刊行された『生命倫理百科事典(Encylopedia of Bioethics)』(全4巻)からであるといわれる。この研究所は，1971年に設立され，翌年からこの事典の編集を開始したのであった。1995年には，全5巻の改訂版が出版されている。

こうした著作が出版されるようになった背景には，生物学，医学の進展に伴い医療に実験的な性格が強まってきたこと，医師と患者の関係を考えた場合に医師の判断が絶対視されること，患者の人権尊重を唱える声が高まったことなどがある。さらに社会的な背景としては，西欧近代科学技術文明やキリスト教倫理観に対する疑問が起ってきたこと，公民権獲得や女性解放，ベトナム反戦，環境保護さらに性的マイノリティへの認知，障害者自立生活運動など一連の社会的動向があったことが指摘されている。

この他にも，1970年代半ば，遺伝子組み替え技術の潜在的な危険性をめぐって17か国から科学者(134名)や法律家(4名), ジャーナリスト(18名)らが米国カリフォルニア州アシロマに集まって討議をした「アシロマ会議」(1975)も影響を与えている。すなわち, 研究の遂行を当事者だけに任せるのではなく, 別に倫理委員会を設けて検討を行うという方式が生命倫理誕生の原型の一つになった(大林雅之『新しいバイオエシックス』北樹出版, 1993年)。

日本では, 上述のポッターの著作の翻訳が生命倫理導入の最初期の出来事であった。「生命倫理」の語は1977年から見られるという。それ以降, 大学において科目名として「生命倫理」が当時の文部省の承認を得て開講されたのは, 上智大学大学院の生命科学専攻においてであり, 1978年4月のことであった。これらを機に, わが国でも米国流の生命倫理の普及, 教育, 研究が行われるようになった。その代表的な人物に日本医師会会長を勤めた武見太郎(1904-1983)や法学を学びジョージタウン大学において生命倫理研究の息吹を知り, 帰国後早稲田大学教授として教鞭を取った木村利人(1934－)がいる。武見の生命倫理の定義は「医療を受ける側の一般人の倫理(一般倫理)と, 医師の職業倫理(医の倫理)を統合した, 新しい一つの総合的な倫理体系」「近代科学の進歩に対応する新しい倫理であり, 権利義務に先行する倫理でなければならない」であった。一方, 木村のそれは「医療・医学のみならずビオス(生命・生物・生活)のすべてにかかわりを持つ, 人間の尊厳の主張に根ざした人権運動であり公共政策づくり」である。研究機関としては, 三菱化成生命科学研究所や上智大学生命科学研究所の研究者たちが大きく貢献した(土屋貴重志「「bioethics」から「生命倫理」へ」加藤尚武・加藤直樹編『生命倫理を学び人のために』世界思想社, 1998年)。

行政の動向をみると, 1983年に当時の厚生省で「生命と倫理に関する懇談」が開催された。医学者, 哲学者, 法学者, 社会学者, 宗教学者, 企業の責任者など各分野から10名が参加し, メンバーには医学を学んだ漫画家の手塚治虫(1928－1989)の名もみえた。この懇談会は「遺伝子操作, 体外受精, 臓器移植, 人工臓器等医療における科学技術の進展はめざましく, 医療の新時代の到来をうかがわせる」が「いずれも人々の生死, 人間性についての価値観, 考え方に深くかかわる事柄」でもあるし「人間の生き方そのもののあり方や社会規範に及ぶことも考えられる」。そのため「広い視野から捉え, 自在に検討を加えるため学識者の意見を伺う」ことを目的にしている。設立時の問題として, 臓器移植，人工臓器，植物状態患者，体外受精，遺伝子操作を挙げていた。

政治家も1985年に超党派で「生命倫理研究議員連盟」を設立し，同年『政治と生命倫理・脳死・移植』（エフエー出版）を刊行した。そこには以下のように述べられている。「ことは国民各自の生死，延命，幸福に深く結びつき，国民の強い関心をひいている問題であります」「われわれ国会議員としては，このまま成り行きに任せるか，あるいは立法化するとすれば何を立法化すべきか，何を立法化すべきでないかを今後の十分な議論を通して決定していきたいというのがこの連盟の趣旨であります」。

(2) 福祉現場と生命倫理

生命倫理といえば試験管ベビー，遺伝子治療，臓器移植，脳死，安楽死などに関したことが思い起こされ医療現場，医学に特有なものというイメージが強いかもしれない。実際に生命倫理という学問が成立してきた経緯からは，このように思われる一面がある。しかし，そこで探究された課題は，福祉の場面でも適用できることが極めて多く，逆に福祉の実態から生命倫理の内容を豊かにしていくことが充分に可能と考えられるのである。

本書の内容全体への鳥瞰を兼ねて，福祉サービスの場面における生命倫理との関連に生命倫理の術語を交えながら触れていこう。福祉施設の利用者・入所者に支援を行おうとする際，まず「パターナリズム」の問題がある。医師と患者の関係はどのようにあるべきかという生命倫理の基本課題と同様，指導員(支援者，ケースワーカー等)と利用者・入所者，関係者との間でどのような関係，支援が望ましいのかを当然考えなければならない。利用者・入所者らの「自己決定」を尊重するとともに，「権利擁護」も考慮しなければならない。また，なんらかの疾病があり薬物療法を行う必要がある場合，それを当事者ないし近親者がどのように理解し同意がなされているかを確認する「インフォームド・コンセント」の実施がある。とくに，「自己決定権」の行使が困難と考えられる知的障害者や精神障害者，認知症がみられる高齢者では，効果が安定していない新薬を使用するかどうかについての判断に，「パターナリズム」と「インフォームド・コンセント」の両方が係わる。

女性一人が生涯に子どもを出産する平均数である合計特殊出生率が2003年には，1.30を切っていた。超少子化と呼ばれる事態である(2014年は1.42であり，やや回復傾向といわれた)。少子化対策は福祉の重要問題であることはいうまでもないが，社会的にはできれば障害や病気がない子どもを少なく生んで大事に育てたいという風潮が強いと感じられる。しかし，知的障害を含めた先天障害がある子どもが生まれた場合，「胎児障害」や「染色体異常」，「遺伝病」などそれが引き起された原因を理解しておく必要があるだろう。また，その子の親とは次の出産についての「出生前診断」や「人工妊娠中絶」を含めた「優生学」的な思想，「生殖医療技術の法的規制」に対して真摯な議論が専門性が高いカウンセラー(臨床心理士)やソーシャル・ワーカー(社会福祉士，精神保健福祉士)に求められる場合が考えられよう。

ある種の筋ジストロフィーを患い，身体が不自由な人の場合には，その「遺伝病」としての位置付けや「遺伝子治療」の可能性も検討する必要がある。比較的若い障害者であれば，「脳死」や「植物状態」に陥った場合，「臓器移植」の問題と遭遇し，臓器提供を求められることが実際に生じている。

骨肉腫と診断され，足の切断をしないと生命の存続が厳しいと判断された場合が時折みられる。その際の骨肉腫という「がんの告知」やその「がんの症状と治療」の問題がある。足を切断した場合には身体へ大きな影響を及ぼす可能性が高いと考えられるので，義足の使用やリハビリテーションを含む「インフォームド・コンセント」，「告知後の患者のケア」も極めて重要である。

高齢者においては，激しい苦痛が発生した場合の「終末期医療」をどのようにするのか。「疼痛治療(ペインコントロール)」や「延命治療」を当事者が望んでいるのか。「ホスピス・緩和ケア病棟」の利用を考慮しているのかも相談・支援の対象になりうる。あるいはその人が「リビングウィル」を表明しており「安楽死」ないし「尊厳死」を望んでいた場合の処遇や支援の問題も考えられよう。医学的に余命が短いとされている先天性の障害児・者に対する「死への準備教育」や「心理療法」は，日本ではまだなじみが薄いようにも思えるが，本人，家族，近縁者それぞれの立場を充分に考慮して，生を全力で全とうする方策を検討する必要がある。

また，終末期(ターミナル期)については，日本医師会(2008)では「最善の医療を尽くしても，症状が進行性に悪化することを食い止められずに死期を迎えると判断させる時期」と定義されている。しかし，福祉場面，たとえば特別養護老人ホームなどの利用者ではつねに「終末期」にあるとし，高齢期を豊かに過ごすための「QOL」の向上が支援者に求められるという考えがある。

このように，福祉が生まれ，育ち，老いて，死ぬ，という人間のライフコースのすべてに関わっている以上，あらゆる段階で生命倫理と極めて密接な関係が認められるのである。

tea break　日本生命倫理学会

生命倫理に関するわが国の専門的な学会に，1988年に設立された日本生命倫理学会(Japan Association for Bioethics)がある。「本学会は，生命倫理に関する諸問題の研究－科学技術一般と倫理との関係の研究，関連する社会的課題の研究および関連分野の学際的総合研究－の推進を図ることを目的とする」と謳っている。会員数は約1200人を数える(2015年現在)。この学会の専門分野として，

第1分野　生命科学，科学技術，医学・医療，看護，コメディカル，その他の関連分野

第2分野　哲学，倫理学，心理学，科学思想史，その他の関連領域

第3分野　法律学，経済学，経営学，その他の関連領域

第4分野　宗教学，社会学，社会福祉学，文化人類学，その他の関連領域

が掲げられている。まさに，生命倫理は学際的，領域横断的な学問の典型である。

[2] 人間福祉の考え方

(1) 人間福祉学の視点

「人間福祉学」という語は1970年代からみられるようになっていたが，福祉の領域でしばしば語られるようになったのは1990年代に入ってからであった。すなわち「社会」福祉から「人間」福祉へ眼差しが変わってきたのである。

この人間福祉とは『個人の社会生活上の幸福を増進し，その実存とウェルビーイングを達成し，人格の向上を図るために，その実践力を福祉専門教育から得たワーカーが，福祉にアイデンティティを持って，相談援助を中心に，運営管理・連絡調整・組織化・計画・アドボカシー(権利擁護)などその他の業務を行い，施設や在宅の処遇，ならびに保育，介護等の領域において，個人と環境の間の問題を調整するために，制度の隙間に働きかけることによって，環境における関係性のバランスを求めて，人間の「幸福」の外的および内的な条件を整備・拡充すること』(秋山智久・平塚良子・横山穣『人間福祉の哲学』，2004年)という定義も見られる。包括的，網羅的だが一つの文章で長く，学習者，初学者にとっては必ずしもわかりやすいものではないかもしれない。

「人生福祉学とは，一回限りの人生において，いかなる苦難に遭遇しようとも，これを冷静に受け止め，受容し，真に人間として生き生きと生きる人生態度を実現するための生き方，及びそのための相互主体的人生空間を切り拓く学問である」，「人生福祉学の対象は，乳児から高齢者まで広範囲にわたっている。従来の福祉は未成年，障害者，高齢者，生活困窮者，社会的弱者など特定の人々を対象としていたが，現在では悩みごと困りごとなど生活上の問題が起こった場合だけでなく，予防対策として，すべての国民を対象とするようになっている。人生福祉学の方法は，人間学的発想のもとに，現実を生きる一人ひとりの生涯にわたる人間形成，自己実現にむけて福祉臨床の方法と教育臨床の方法を統合化し，実践展開する過程で再体系化される実践理論である」という解説もある(杉本一義『人生福祉学の構想』，『人間の福祉』創刊号，1997年)。

学会組織として，「人間福祉学会」が，2000年4月発足した。「最近の社会福祉基礎構造改革などに見られるように，これからの社会福祉の目指す方向の一つは利用者本位の制度の確立であり，これはいわゆる「人間福祉」に他なりません。21世紀の社会福祉にとって，「人間福祉」は重要なキーワードになることと思われます。しかしながら，「人間福祉」とは何か，についての共通理解は未だ確立しているとは言い難く，そのため，「人間福祉」についての関心を広く喚起し，幅広い多様な分野からの研究の必要性を痛感し，この学会の設立に至ったものです。「人間福祉」に関心をお寄せ下さる研究者，現場の方々の参加を心より希望するものです」と設立にあたっての表明がみられる。

(2) 大学における人間福祉学

また，大学でも「人間福祉学部」や「人間福祉学科」が設立されるようになった。学部名学科名ともに人間福祉学部人間福祉学科の理念として「日本の高齢者問題，さらには児童虐待，家庭崩壊等，福祉問題が社会の深部に影響を及ぼし，社会を揺るがしています。こうした中で，今一番求められるのは，すべての人が健やかに，心豊かに生活できる福祉社会の実現です。福祉の充実とは，社会制度を整えることだけではありません。真の福祉社会を実現するのは人間ですから，人間とは何か，人の幸福とは何かという根本的な問題に常に立ち帰りながら，福祉社会のあり方を探っていくことが必要です。「人間福祉学科」はそのような問いと学びを進め，学生諸君の心の問いと希求に答えてまいります」（2004年，聖学院大学人間福祉学科の理念）。

さらに，主として福祉系大学の紀要等の専門論考が掲載される雑誌名と創刊号の巻頭言もみてみよう。「これまでの社会福祉概念の枠を超えて，個としての人間と社会を高次元で両立させるHuman well-beingを紀要のタイトルにもってきた」（「人間の福祉」，立正大学社会福祉学部紀要，1997年「創刊」の辞）。

「福祉の持つ「うまくやっていく」ということは"Well being"だけでなく，"Well aging"や"Well dying"にも繋がってゆかなければならない。その意味で「人間福祉」のカバーする領域は人生のすべてにわたって「うまくやっていく」ことを取り扱うのであるから，深遠な学問であるといえよう」（『沖縄国際大学人間福祉研究』，2003年創刊）。

「近年，市民の生活領域とそれを支える社会的諸条件の広がりを背景に，生活に関わる諸科学，諸資源の多くが「福祉」として表現されるようになってきた。その一方で，介護保険制度や社会福祉士・介護福祉士制度の創設によって，社会福祉の制度的領域の構築が進められ，専門職の養成を担う大学も急増した。その結果，社会福祉研究は，専門職の養成とその業務に大きな関心を寄せる傾向を強めている。そのような時代状況の中で，いわゆる「Well - Being」を目指す新たな学問領域への社会的な期待と関心が高まることとなった。これが人間福祉学の背景であると考える」(中部学院大学・中部学院大学短期大学部研究紀要　9，161-166，2008年)などと述べられている。

tea break **人間福祉学会のテーマ**

人間福祉学会のシンポジウムや大会テーマのいくつかをみてみよう。
2001年は，『人間福祉と死生学』～死の看取りをめぐって～　であった。「今日わが国の社会福祉の歩みをかえり見るとき，今その歩みは一つの大きな転機に直面しています。例えば，わが国の高齢社会への急速な移行にたいして，政府の取るべき責任の大きさは当然のことながら，福祉従事者にも重大な課題があたえられています。それは彼らが，あくまでもケアを必要としている人々の側に立つこと，またそれらの方々の痛みや悲しみを共感すること，とりわけそれらの方々が迎える死について暖かな，そして深い理解が求められていることです。そしてそのことは，具体的な『死の看取り』のワークにつながります。また告知の問題，ターミナルケア，ホスピスの現場の課題にもつながります。あくまでも，深い人間理解を前提とする人間福祉学会はこれらの問題を避けることは出来ないと考えるのです。」と述べている。

2014年の第15回大会のテーマは，「生涯健康」を考える。であった。わが国は急速な高齢化の進展および疾病構造の変化に伴い，国民の健康の維持・増進の重要性が増しています。国民は健康な生活習慣の重要性に対する関心と理解を深め，生涯にわたって，自らの健康状態を自覚すると共に，健康の維持・増進に努めることがQOLの向上に繋がります。その一方で，わが国は高齢社会の成熟により，多死社会を迎えており，「死」をタブー視するのではなく，「死」に向き合い，「死」までの生き方を考えることが求められています。今回の大会テーマに掲げる「生涯健康」とは，「地域に暮らす誰もが，どの年代においても生き生きと充実して生活できる状態」を意味しており，わが国にとって重要なキーワードの1つになります。と記されている。

[3]　人権尊重と福祉専門職の倫理綱領

(1)　人権と生命倫理

「われわれは，自明の真理として，すべての人は平等につくられ，造物主によって，一定の奪いがたい天賦の権利を付与され，そのなかに生命，自由および幸福の追求の含まれることを信じる」(米国　独立宣言，1776)。「第1条　人は，自由かつ権利において平等なものとして出生し，かつ存在する。社会的差別は，共同の利益の上にのみ設けることができる」(フランス　人および市民の権利宣言，1789)。「第1条　すべての人間は，生まれながら自由で，尊厳および権利について平等である。人間は，理性と良心を授けられており，同胞の精神をもって互いに行動しなくてはならない」(世界人権宣言，1948)(高木八尺・末延三次・宮沢俊義編『人権宣言集』岩波書店，1957年)。人間の自由と権利を保障する法律は，1215年に成立したイギリスの「マグナ・カルタ」を嚆矢(こうし)とするといわれ，これらの引用にみられるように歴史的変遷を重ね今日に至っている。

「人権」という語の意味自体は，多義的で時代や立場によって多様であるが，今日的には，誰もが生まれながらにもっている侵すことのできない権利であり，幸せに生きるために，尊重しあわなければならないものということは共通しているように感じられる。生命倫理が誕生した背景の一つには，この人権が守られなかった歴史的事実が関係する。

たとえば，戦争時には化学兵器や細菌兵器開発の実験台として「人体実験」が行われたという歴史的事実がある。第二次世界大戦中，ユダヤ人やロシア人，少数民族を対象に，ポーランドのアウシュビッツに設けられた強制収容所で大量虐殺を行ったナチス・ドイツの行為が思い起こされる。他の収容所を含めユダヤ人600万人以上が殺害されたといわれる。そこでは，眼や皮膚を侵す致死性のマスタードガスや神経機能を破壊する神経ガスの研究開発に人体実験が利用されていた。その他にも，中国に展開していた日本陸軍の七三一関東軍防疫給水部隊(通称，石井部隊)が，ペストやコレラ，破傷風を起こす病原菌を使った細菌兵器の研究に中国人やロシア人を被験者にし殺害していた事実がある。その後も，医学において研究の名の下に人体実験と捉えられるような患者への侵襲がしばしばみられるのである。

兵器開発のための人体実験とまではいかなくても，福祉の場面で利用者・当事者の人権を施設職員が侵害したとされる事例がしばしばみられる。1998年に東京都社会福祉協議会・知的発達障害部会が発表した『知的障害児・者施設における人権侵害に関する訴えの事例』には，「問題行動の度にお灸をすえたり，線香を皮膚に押し付けたりされているようで，帰宅するごとに火傷の痕がみつかる」「多動利用者を犬のように柱につなぎ，地面に昼食が置いてあった」「偏食の強い人を二日間木に吊るし何も食べさせず，三日目になんでも食べるようになったことを偏食の矯正例として発表している」等々が述べられている(松友了編著『知的障害者の人権』明石書店，1999年)。

つぎに精神障害者の場合をみてみよう。精神障害者の対策に対する法律は，1900年に制定された「精神病者監護法」を嚆矢とする。しかし，これは個人の責任で精神障害者を「座敷牢」と呼ばれる私宅で監置する収容主義を内容としたものであった。東京帝国大学医学部の精神医学者呉秀三(1865-1932)らの『精神病者ノ私宅監置ノ実況及ビ其統計的観察』(1918)には，精神障害者の生々しい実態が写真入りで論じられ「我邦十何万人ノ精神病者ハ実ニ此病ヲ受ケタルノ不幸ノ外ニ，此邦ニ生レタルノ不幸ヲ重ヌルモノト云フベシ」と述べている。当事者の意向を無視して拘束すること自体人権侵害につながるものであろう。その後，呉により精神科病院の必要性が唱えられた。これを受けて，1919年には「精神病院法」が設けられた。しかし，実際に病院が建設されたのは，第二次大戦以前では数件に過ぎなかった。

敗戦後，連合国軍最高司令官総司令部(GHQ)の指示により福祉政策が推進される中，議員立法により1950年に「精神衛生法」が制定された。これにより精神障害者の私宅監置が禁止され，精神科病院への入院が行われるようになった。

1960年代，欧米では「脱施設化」が進められた。これを受けて，日本でもその気運が高まった。しかし，1964年ライシャワー(Edwin O Reischauer, 1910-1990)駐日大使が精神障害(統合失調症)がある少年に刺傷されるという事件が起った。そのため，法改正は消極的になり「精神衛生センター」や「精神衛生相談員」の新設に留まった。また，この時期に世界保健機構(WHO)から派遣された調査団による「クラーク勧告」でも，わが国の人口当たりの精神科病床の多さを指摘していた。

1970年代には，精神障害者の社会復帰活動が開始されたが，依然精神科病院・病床への入院者数は増加傾向にあった。そして，1973年当時「精神科ソーシャルワーカー」と呼ばれた専門職による「Y問題」と呼ばれる事件が起った。これは，精神障害をもつ当事者のYさんの家族から相談を受けた保健所の精神科ソーシャルワーカーが，Yさん本人に会うことなく無診療の状態で精神科病院への入院に加担したというものである。そして，Yさんから当時の精神医学ソーシャルワーカー協会に対して，協会が本人の人権を侵害し，精神科病院への強制的入院に加担するような行為を防止する活動の実施を望む旨の訴えがなされた。

また，1980年代に入ると，84年に「宇都宮病院事件」が起った。これは，精神病院の看護職員が入院患者2名を暴行により死亡させたというものであり，国際的な批判も浴びた。国際連合の非政府機関(NGO)である国際法律家委員会および国際医療職専門委員会の合同調査団が来日し，報告書をまとめている(広田伊蘇夫・永野貫太郎監訳『精神障害患者の人権』明石書店，1996年)。この事件を契機に1987年に「精神衛生法」が改正され「精神保健法」として制定された。これにより，社会復帰施設の法定化や任意入院制度，精神医療審査会など精神障害者の人権が配慮されたものとなった。また，精神科の病床数も減少傾向が見られるようになってきた。

この法律の制定以降，1990年代に入り，精神障害者の保護および精神保健ケア改善のための諸原則や障害者対策に関する新長期計画を受け，1995年「精神保健及び精神障害者に関する法律」(精神保健福祉法)が制定された。また精神障害者も保健福祉手帳を受ける制度が設けられた。そして，1997年12月には「精神保健福祉士法」が制定された。これにより精神障害者の社会復帰に対する相談・支援や家族の安心が得られやすくなった。

このように，日本の精神障害者に対する処遇は，座敷牢と呼ばれる私宅監置から精神科病院・病床入院という収容中心主義へ。そして，1980年代後半より，ようやく欧米モデルの障害者の人権を配慮し，社会復帰を念頭においた処遇へと転換するようになってきたのである。

(2) 福祉専門職の倫理綱領

福祉社会を構築していくためには，それを担う専門職が激しく自らを律していくことがなにより重要である。それにより，生命の尊厳や人権の尊重が保たれることにもなる。以下にその倫理綱領の抜粋を掲げる。

・ソーシャルワーカーの倫理綱領(日本社会福祉士協会，1995年)

前　文

われわれソーシャルワーカーは，平和擁護，個人の尊厳，民主主義という人類普遍の原理にのっとり，福祉専門職の知識，技術と価値観により，社会福祉の向上とクライエントの自己実現を目ざす専門職であることを言明する。

われわれは，社会の進歩発展による社会変動が，ともすれば人間の疎外(反福祉)をもたらすことに着目する時，この専門職が福祉社会の維持，推進に不可欠の制度であることを自覚するとともに，専門職の職責について一般社会の理解を深め，その啓発に努める。

われわれは，ソーシャルワークの知識，技術の専門性と倫理性の維持，向上が専門職の職責であるだけでなく，クライエントは勿論，社会全体の利益に密接に関連していることに鑑み，本綱領を制定し，それに賛同する者によって専門職団体を組織する。

われわれは，福祉専門職としての行動について，クライエントは勿論，他の専門職あるいは一般社会に対しても本綱領を遵守することを誓約するが，もし，職務行為の倫理性について判断を必要とすることがある際には，行動の準則として本綱領を基準とすることを宣言する。

原　則

1　(人間としての平等と尊厳)

人は，出自，人種，国籍，性別，年齢，宗教，文化的背景，社会的経済的地位，あるいは社会に対する貢献度いかんにかかわらず，すべてかけがえのない存在として尊重されなければならない。

2　(自己実現の権利と社会の責務)

人は，他人の権利を侵害しない限度において自己実現の権利を有する。社会は，その形態の如何にかかわらず，その構成員の最大限の幸福と便益を提供しなければならない。

3　(ワーカーの職責)

ソーシャルワーカーは，日本国憲法の精神にのっとり，個人の自己実現，家族，集団，地域社会の発展を目ざすものである。また，社会福祉の発展を阻害する社会的条件や困難を解決するため，その知識や技術を駆使する責務がある。

なお，2001年5月に介護支援専門員による殺人事件が発生した。これを受けて，翌月開催された日本社会福祉士会全国大会では，「社会福祉士である自分たちの責務をもう一度問い直そう」という趣旨の大会宣言がなされた。そして，これを具体化する取り組みの一つとして，次の「やくそく」が作成された。

・私たちのやくそく－信頼される介護支援専門員になるために－

1　私たちは，利用者の自立生活の実現を支援します。

介護支援専門員は，利用者の「自立支援」を目標として，介護サービスなどの調整や社会資源の活用をすすめたり，他の法律や制度に基づくサービスを紹介・あっせんしたりすることが役割です。

2　私たちは，利用者の自己決定を尊重し，その実現を支援します。

利用者の「自己決定」は，すべての基本です。自己決定したことをどのように実現するか，実現が困難であれば何が原因なのか，問題なのかを明らかにすることは介護支援専門員の役割です。

3　私たちは，利用者の自己決定に必要な情報を誠意をもって提供します。

利用者が自己決定するためには，適切な情報が必要です。利用者自身に関すること，社会資源に関することなど，利用者が現状で利用者なりに判断をすることができるようにすることは権利擁護の基本です。

6　私たちは，利用者の生活支援に必要な権利擁護の制度を活用します。

利用者の心身の状況などにより，自ら情報を判断することや判断したことを表明することが困難な場合，利用者自身の権利を行使することが困難な場合には，成年後見制度や地域福祉権利擁護事業など日常生活に必要な権利擁護の制度を活用して，利用者の生活を支援します。

10　私たちは，介護支援サービスをとおして，利用者の権利擁護につくします。

利用者の権利擁護をすすめる取り組みは，さまざまです。介護支援専門員は，介護支援サービスという業務をとおして，利用者が自立した日常生活を営むことができるように直接的に支援するだけでなく，利用者が安心して暮らすことのできる社会を築く役割をもっています。利用者の権利擁護はさまざまな取り組みによって支えられるのです。介護支援サービスは，権利擁護をすすめるさまざまな活動の一つとして位置づけられるのです。

・精神保健福祉士協会・倫理綱領(2003年5月30日改訂)

前　文

われわれ精神保健福祉士は，個人としての尊厳を尊び，人と環境の関係を捉える視点を持ち，共生社会の実現をめざし，社会福祉学を基盤とする精神保健福祉士の価値・理論・実践をもって精神保健福祉の向上に努めるとともに，クライエントの社会的復権・権利擁護と福祉のための専門的・社会的活動を行う専門職としての資質の向上に努め，誠実に倫理綱領に基づく責務を担う。

目　的

この倫理綱領は，精神保健福祉士の倫理の原則および基準を示すことにより，以下の点を実現することを目的とする。

1　精神保健福祉士の専門職としての価値を示す。

2　専門職としての価値に基づき実践する。

3　クライエントおよび社会から信頼を得る。

4　精神保健福祉士としての価値，倫理原則，倫理基準を遵守する。

5　他の専門職や全てのソーシャルワーカーと連携する。

6　すべての人が個人として尊重され，共に生きる社会の実現をめざす倫理原則。

倫理基準

1　クライエントに対する責務

1　クライエントへの関わり

精神保健福祉士は，クライエントをかけがえのない一人の人として尊重し，専門的援助関係を結び，クライエントとともに問題の解決を図る。

2　自己決定の尊重

クライエントの知る権利を尊重し，クライエントが必要とする支援，信頼のおける情報を適切な方法で説明し，クライエントが決定できるよう援助する。

3　プライバシーと秘密保持

精神保健福祉士は，クライエントのプライバシーの権利を擁護し，業務上知り得た個人情報について秘密を保持する。なお，業務を辞めたあとでも，秘密を保持する義務は継続する。

・日本介護福祉士会倫理綱領(1995年11月17日宣言)

前　文

私たち介護福祉士は，介護福祉ニーズを有するすべての人々が，住み慣れた地域において安心して老いることができ，そして暮らし続けていくことのできる社会の実現を願っています。

そのため，私たち日本介護福祉士会は，一人ひとりの心豊かな暮らしを支える介護福祉の専門職として，ここに倫理綱領を定め，自らの専門的知識・技術及び倫理的自覚をもって最善の介護福祉サービスの提供に努めます。

1　利用者本位，自立支援

介護福祉士はすべての人々の基本的人権を擁護し，一人ひとりの住民が心豊かな暮らしと老後が送れるよう利用者本位の立場から自己決定を最大限尊重し，自立に向けた介護福祉サービスを提供していきます。

2　専門的サービスの提供

介護福祉士は，常に専門的知識・技術の研鑽に励むとともに，豊かな感性と的確な判断力を培い，深い洞察力をもって専門的サービスの提供に努めます。

また，介護福祉士は，介護福祉サービスの質的向上に努め，自己の実施した介護福祉サービスについては，常に専門職としての責任を負います。

3　プライバシーの保護

介護福祉士は，プライバシーを保護するため，職務上知り得た個人の情報を守ります。

4　総合的サービスの提供と積極的な連携，協力

介護福祉士は，利用者に最適なサービスを総合的に提供していくため，福祉，医療，保健その他関連する業務に従事する者と積極的な連携を図り，協力して行動します。

5　利用者ニーズの代弁

介護福祉士は，暮らしを支える視点から利用者の真のニーズを受けとめ，それを代弁していくことも重要な役割であると確認したうえで，考え，行動します。

6　地域福祉の推進

介護福祉士は，地域において生じる介護問題を解決していくために，専門職として常に積極的な態度で住民と接し，介護問題に対する深い理解が得られるよう努めるとともに，その介護力の強化に協力していきます。

7　後継者の育成

介護福祉士は，すべての人々が将来にわたり安心して質の高い介護を受ける権利を享受できるよう，介護福祉士に関する教育水準の向上と後継者の育成に力を注ぎます。

[4]　動物愛護と動物福祉

(1)　動物福祉の考え方

わが国では，2002年10月，身体障害者が補助犬を使用して自立や社会参加の促進を目的とする「身体障害者補助犬法」が施行された。視覚や肢体，聴覚に障害がある当事者が公共施設やデパート，飲食店，交通機関を活用することを保障し，活用や入場を拒むことを禁じたものである。ここでいう補助犬とは，視覚障害者の歩行を誘導する「盲導犬」，身体障害者の日常生活動作を補助する「介助犬」，聴覚障害者に情報を伝える「聴導犬」のことを指す(特集　盲導犬・聴導犬・介助犬って？「ピーヴォ」30巻，2004年)。

一方，生命倫理の研究対象には，人間に関わることばかりでなく，「人間の福祉と動物の取り扱い」も含まれている(『生命倫理事典』太陽出版，2002年)。現在進行しつつある障害の有無に関わらず人々がともに暮らせるような「共生社会」を構築していくためには，人間の福祉ばかりでなく，地球上に生息する生物，まずは人間以外の動物たちと人間との関係を考えてみる必要があるだろう。それは，「動物福祉」と呼ばれる領域の一つでもある。

2001年に実験動物としてマウス280万匹，ラット123万匹とこれらだけでも年間400万匹以上が研究に利用されているという調査結果が発表された。これはペットなどの動物との共生社会をめざす「動物愛護管理法」の改正や実験動物使用に対する反対意見や運動をどのように考えるかという問題と関係するものである。

医学・生命に関わる研究で実験動物が本格的に使われるようになったのは，近代生理学や実験医学の創設者といわれるフランスのベルナール(Claude Bernard, 1813-1878)の研究室においてであった。彼の主著『実験医学序説』で，動物の生体解剖を行わなければ生理学も実験医学も到底成立が不可能であると述べている。医学の進展に動物実験が不可欠であるという主張は，またその反対運動の発端でもあった。すなわち，ベルナールの研究室では連日，イヌやウサギを使い，これらが死ぬまで動物実験が繰り返されていた。フランスにおける動物実験反対の気運はじつに彼の家族に端を発し，次第に組織化していった。また，ベルナールの研究室を訪れたことがある英国の生理学者が動物実験の惨状を新聞に投書し，同国にも動物実験反対運動が拡がっていった。この国ではヴィクトリア朝を通して生体解剖に対する反対が強かった。ヴィクトリア女王(Victoria, Queen, 1819-1901，在位1837-1901)も動物実験に反対の意を表明した。そこで，ディズレリー(Benjamin, Disrael, 1804-1881)政権下の1876年，以下の内容を含んだ「動物虐待防止法(Cruelty to Animal Act of 1876)」が成立したのである。

- 実験は，新しい生理学的知識，もしくは生命を延ばし，苦痛をやわらげる知識の発展に役立つものでなければならない。
- 実験は，政府機関の与える許可証の条件の下で行わなければならない。
- 実験は，動物に苦痛を感じさせないように，麻酔を掛けて行うべきこと。
- 麻酔を掛けた後も動物が生きていて，苦痛を感じる恐れがある場合には，その前に殺すべきこと。
- 動物実験は，熟練を得る目的で行われてはならない(太田竜『声なき犠牲者たち　動物実験全廃に向けて』現代書館，1986年)。

この法律は各国の同種の手本になったものでもあった。

一方，日本における動物愛護を考える上でもっともよく知られた例が，徳川綱吉(1646-1709)の「生類憐みの令」(1685-1709)であろう。五代将軍綱吉は嗣子を失い，その後も男子が得られなかった。これは過去における殺生の応報であり，逃れるためには厳に殺生を慎み，とくに綱吉が戌年生まれなのでイヌに憐愍をかける他はない，と生母の信頼が厚かった僧の献言からこの法令を定めたといわれる。

法の呼称は，1687年1月に病気に罹っているが死亡していない牛馬を捨てる者を罰し，同時にそれを訴え出た者に褒美を与えた時から用いられた。1695年には犬小屋支配が置かれ，無主犬が大久保や四ツ谷の小屋に収容されるようになった。1697年には収容犬の数が48,000匹以上に及んだという。

1702年には，馬医者が犬を傷つけたため切腹をさせられている。「日本の異常な動物愛護の法令」とも評される「生類憐みの令」は，1690年から2年間，日本に滞在したドイツ人医師ケンペル(Engelbert Kampfer, 1651-1716)が，帰国後に刊行した『日本誌』(1727)でも批判していた。そして，綱吉の死のわずか10日後から実質的に終止符が打たれたのであった。この「生類憐みの令」は，多発していた捨て犬や捨て牛馬を禁止したり，野鳥獣保護のための鉄砲の規制，鷹場を縮小ないし廃止することも含んでいた。そこで，動物に対する当時の態度の変革を意図したものという捉え方がある（塚本学『江戸時代人と動物』日本エディタースクール出版部，1995年）。

「身体障害者補助犬法」では，視覚障害者の誘導に盲導犬を利用し，自立や社会参加の促進を目指しているが，「日本動物実験廃止協会」の機関誌には盲導犬に対する疑問が表明されている。根本的な疑問は，なぜ盲導犬を用いるのかである。この団体では，人間が目の見えない方の目になってあげられないかという考えとともに，介護ロボットの利用を考えている。

盲導犬は「24時間緊張しつづけた生活を送っている為に大へん短命で老化が早い」し，「あの雑踏の中，人の足，足，足の間を縫うように，気遣いながら，人の邪魔にならない様にと，自分をころし主人を守ろうとする犬の優しい心がたまらなく，いじらしく哀われ」である（天野涼子　犬のいのちの使い捨てはやめたい「コンパクション」16号，1989年）。要するに，盲導犬は一種の動物虐待につながるものというのである。

さらに，目の見えない方の海外旅行における事例を紹介している。パリ発モスクワ経由東京／成田行きの航空機の中で目撃した盲導犬は，「主人のそばに付き添って，食事はおろか，オシッコさえもしなかったのです。その間22時間，こんなことが，果たして人間に耐えられることでしょうか」「こんなことをしていたら，犬の命は長持ちするわけがありません」「盲人の人の杖には人間よりも犬がいいということは，人間には気を使う，人間には感情がある，人間は使いづらい」ということなのかという意見である（栗原佳子　盲導犬と人間のエゴイズム「コンパクション」21号，1989年）。

この記事の著者が盲導犬に対する疑問を新聞に投書したところ，「人に頼めば，真夏真冬，天候の悪い時は申し訳ない」という目の見えない方からの意見があったという。それでは，イヌに対してはそのような気持ちはないのかと主張している。著者は「盲人の方は己を中心としか犬を見ていない」という（赤井かつみ　盲導犬について考える「コンパクション」23号，1989年）。これらの議論は，背景の事情が明確でないため，いま一つ具体的な状況がイメージしにくいものであるが，それぞれの立場から言い分の一端が窺われるものと思われる。

日本では，盲導犬や聴導犬，介助犬，警察犬などの働く犬（使役犬）についての一般的な理解が欠如しているという指摘もある。たとえば，欧米では盲導犬が目の見えない方と歩いていると自然に道が割れ，通り易くなる。また，何か不測の事態に陥ればボランティアが駆けつけ誘導してくれる。このような環境下であれば「盲導犬もストレスを感じることが少なく，溌剌と自分の仕事をこなせる」であろう。

「盲導犬の能力を過大評価し，盲導犬さえいれば目の見えない人でもまったく不自由なく町を歩くことができるから何もしてやらないのが親切」だと思う人がいる。一方，「盲導犬に対して露骨に迷惑そうな視線を向ける人の中で作業をする日本の盲導犬のストレス」こそ問題なのであるという考えもある(柿沼綾子　コンパニオンアニマルとのより良い生活「獣医畜産新報」49巻，1988年)。元来，盲導犬は目の見えない方の「パートナーの一部となり，その視覚的ガイドとして仕え」，場合によっては目の見えない方の「命令に従うことが危険であるような場合には，その命令と逆の行動をとることに対して責任を負う」ことを理想とするものなのである(C. J. ファッフェンバーガー他著 コンパニオンアニマル研究会訳編『盲導犬の科学－選抜，育成および訓練－』信山社，1992年)。

このように，動物の利用は社会全体で考えてみる必要がある奥深い問題を抱えているのである。動物が単なる「もの」でない以上，ものとは異なる扱いが必要である。このことを単純，素直に考えれば，そこに生命への敬意に基づく，動物福祉の本質があるという意見がある(上野吉一　動物福祉からみた動物実験の将来像「生物科学」51巻，1999年)。そのまま生命倫理につながる見解と思われる。

(2)　心理療法

現代の高度医療，延命治療を施しても期待される効果が乏しい患者も少なくない。そこで，医療技術に頼るのではなく，心理的・霊的(スピリチュアル)なものに働きかけてみる試みも注目されるようになった。音楽療法，芳香療法，絵画療法等々である。これらの一つ含まれる動物介在療法をみてみよう。

今日いう，動物介在療法の原型は，1792年英国ヨークシャーに設立されたヨーク保養所に求められる。ここでは，当時使用が当然であった拘束具や薬物を使わず，病室の格子も二重窓に変えていた。さらに，中庭にウサギなどの小動物を放し飼いをし，その世話を患者に任せた。その結果，患者に「社会的かつ優しい感情を呼び起こす傾向」がみられたという。

米国において，動物介在療法が実質的に導入されたのは1942年のことであった。ニューヨーク州の陸軍航空隊病後療養所である。そこでは，農場が設けられ，ブタ，ウシ，ウマ，家禽の飼育を行い，動物の世話をすることで精神状態の向上を期待した。のちに，イヌも導入され，イヌとの触れ合いがリハビリテーションのプログラムに組み込まれた。イヌによる治療効果が確認されたからである(林良博『検証アニマルセラピー』講談社，1999年)。その後，1960年代から欧米で臨床心理療法の場面で動物が使われるようになった。

ヒトとコンパニオン・アニマルとの関係を探究する領域は，1970年代から行われるようになった。今日この分野の国際的な情報センターとなっているデルタ財団は，77年に設立された。翌年にはワシントン州立大学において「ヒトと動物の絆に関する国際会議」が開催され，90年に「国際ヒトと動物の相互関係学会機構」が設立された。現在加盟国は19か国である(日本は94年から加入)。日本では，1986年に設立された社団法人日本動物病院福祉協会によるコンパニオン・アニマル・パートナーシップ・プログラム(CAPP)活動が開始されている。このCAPP活動が日本の福祉施設で実施された際，いくつかの重要な利点が挙げられている。特別養護老人ホームや養護老人ホームにおける訪問活動による効果では，全部で12項目が挙げられている。以下にその内のいくつかを掲げた。これらのすべてが妥当するかどうかについては意見が分かれようが，参考になりうる点が多々みられると思われる。

- 不自由で動かせないと自他共に信じていた手足が，動物との接触で，ごく自然に動かせるようになった。
- 長期に無表情だった老人が，動物と接触して明るい表現力を回復した。
- 日頃，ほとんど記憶力がなかった老人が，動物と接触した後動物たちを話題にした。
- 日頃，会話を持たなかった老人同志が心を開き，互いに会話を交すようになった。
- 介護者の働きかけや家族の訪問でも離床しなかった老人が，訪問活動によって離床するようになった。
- 動物の訪問で，老人達に目的意欲や活気がうまれる(柴内裕子　アニマルアシステッドセラピー(動物介在療法)と身近な動物達による効果「獣医畜産新報」49巻9号，1996年　秋元良平写真・高野瀬順子文『老人と犬　さくら苑のふれあい』文藝春秋，2006年)。

tea break さまざまな心理療法

音楽療法とは，「日本音楽療法学会」(2001年設立)では，「言葉のもつ生理的，心理的，社会的働きを用いて心身の障害の回復，機能の維持改善，生活の質の向上，行動の変容などに向けて音楽を意図的計画的に使用すること」としている。

アロマセラピーの名でも知られる芳香療法について，「日本芳香療法協会」(1988年設立)では，「植物(香草，薬草)の花，葉，茎，根，樹皮など水蒸気蒸留で摘出したエッセンスの香りを美容や健康に役立てます。心理面には，鎮静，高揚，催淫作用等が，身体面には，アロマトリートメントにより細胞組織や筋肉，関節に深いリラックス効果を与えます」と述べている。

「色彩療法(カラーセラピー)は，色が持つパワーを利用して，心や体を元気づけ，正常に戻し，元来持ち合わせている免疫力や治癒力を高めて健康に役立てる癒しの一つです。色彩が，人の心と体に強く働きかける特性を利用したもので，こうした色彩を使った治療は，古代のエジプトやギリシャで既に行なわれていたともいわれています」(大和薬品ホームページ，2015年9月8日，閲覧)という説明が見られる。

[5] ポリティカル・コレクトネス

(1) ポリティカル・コレクトネスの登場

1980年代，米国ではポリティカル・コレクトネス(Political Correctness)と呼ばれる動きがみられるようになった。用語における差別・偏見を取り除くために政治的観点から(political)みて正当(correctness)な用語を使っていく運動が国際的に広まってきたのである。たとえば，Black(黒人)をAfrican American，Chairman(議長)をChairperson，Stewardess(スチュワーデス)をFlight Attendant，X'mas card(クリスマスカード)をSeason's Greeting Cardに代える例などである。

具体的にポリティカル・コレクトネスを意識した「中立的」な語への言い換えの実態を医療福祉に関連した領域で押さえておこう。これらは，21世紀の変わり目ころかしばしばみられるようになり，専門職の呼称が典型例である。すなわち，1999年の男女雇用均等法およびそれに続く2003年の児童福祉法の改正によって「保母」を「保育士」に，2002年には看護婦を「看護師」，助産婦を「助産師」，保健婦を「保健師」に保健師助産師看護師法の改正から呼ぶようになった。

男性「保母」，男性「看護婦」はいかにも奇妙で，しからばと「保父」，「看護士」と呼び換えた時期があった。実際，1999年までは男性が取得しても資格名は「保母」なのである。看護婦の方は1968年に看護士と呼ばれるようになり，「看護婦」と「看護士」が併存していた。それが，社会的性役割としてのジェンダーに対する理解が浸透し，特定の生物学的性に特化した業務を可能な限り男女とも担っていく方向性が明確になったのである。建築現場や交通機関，さらには軍組織でもこうした傾向は明白である。

(2) 医療・福祉領域の場合

医療・福祉の領域におけるポリティカル・コレクトネスは前述の専門職の呼称に留まらない。むしろ，病名・疾患名の方がより社会的な啓発を含めているようにも思われる。次に代表例を示した。

旧　名	改訂名	改定時期	契　機
癩病	ハンセン(氏)病	1996	優生保護法改正
精神薄弱	知的障害	1998	精神薄弱者福祉法
精神分裂病	統合失調症	2002	日本精神神経学会総会
痴呆	認知症	2004	厚生労働省用語検討会

1996年は「らい予防廃止法」が施行され，優生保護法が母体保護法に改正された年であった。その際，優生保護法の第二章　優生手術　第三条第三項に「本人又は配偶者が癩疾患に罹り，且つ子孫にこれが伝染する虞れのあるもの」などと記載されていた不妊手術や人工妊娠中絶の対象となる「癩病」を「ハンセン(氏)病」に変更した。もっとも，「癩病」の改称については，第二次世界大戦終結後から当事者が「ハンセン病」に変えるように要求してきたという。

また，1953年の「らい予防法」の改正が行われた際，付帯事項の中に「病名については充分検討すること」と国会で決議していた。これらを受け，マスディアでは「ハンセン病」の呼称が使われるようになっていた。

さて，「精神薄弱」が「知的障害」に変わったのは1998年9月のことであった。1960年3月31日公布，同年4月1日施行された「精神薄弱者福祉法」は，1990年代に「知的障害者福祉法」として改正された。そして，1994年4月施行の「精神薄弱の用語の整理のための関係法律の一部を改正する法律」を受けて変更されたのであった。「精神薄弱」は，知的障害者への「侮蔑的表現」であり，「好ましくない障害観を表す不快語」との声が多かったという。

また，「精神分裂病」から「統合失調症」への変更は2002年1月の日本精神神経学会理事会決定を受け，同学会総会で可決されたことによる。同年8月に横浜で開催された「世界精神医学会」で名称の改訂を国際的にアピールする意図もあったという。精神分裂病という名称では精神全体が分裂してしまい，回復困難な不治の病の印象を与えかねない。それが人格の否定や差別につながるというのが改称の理由に挙げられた。

もっとも，これまで見てきたような言い換えがスムーズにいくとは限らない。「痴呆」を「認知症」とした場合には，学界からの反論もみられた。「痴呆」の呼称については，2004年3月に高齢者痴呆介護研究・研修大府センター長であった柴山漠人により，「痴呆」という言葉が差別的であるという問題提起が行われ，同年6月に日本老年医学会がそれを受けとめたことから始まった。また，「認知症」という語は厚生労働省の「痴呆に替わる用語に関する検討会」において提案されたものであった。ただし，従来から認知という語をしばしば用いてきた心理学や精神医学の領域では，認知症という呼称を用いることに反対であった。

2004年12月15日には，社団法人日本心理学会，日本基礎心理学会，日本認知科学会，日本認知心理学会の4団体が連名で，「認知症」は不適切であり，代案として「認知失調症」の語を共同提案し，用語検討会座長の高久史麿に提出している。しかし，却下され，「痴呆に替わる用語に関する検討会報告書」を受け2004年12月24日，厚生労働省老健局長通知により認知症が使われるようになった。そして，2005年の介護保険法の改正に伴い社会的に広まっていった。

こうした用語の変更は，1981年の「国際障害者年」が後押しになったという。「障害者」という呼称も表記上，「障碍者」，さらに「障がい者」と記す自治体も少なくない。中国語やハングルの漢字表記では日本で使われる「障害者」は「障碍人」「障礙人」である。英語では，Blind（盲人，視覚障害者）をOptical challengedあるいはVisually challenged，Deaf（聾唖者，聴覚障害者）をSound challengedなどと呼ぶようになっている。2007年には「盲・聾・養護学校」を「特別支援学校」と改称した。自由民主党から民社党へと政権交代がなされた2008年にも「後期高齢者医療制度」の呼称が問題となり「長寿医療制度」としたことも話題になった。これらがポリティカル・コレクトネスの動きと関連した事例である（溝口元「アホウドリ」のネーミングとポリティカル・コレクトネス「人間の福祉」27号，2013年）。

Ⅱ部

生殖医療技術と優生学

[1] 不妊と生殖医療技術

(1) 不妊治療から試験管ベビーへ

女性にとって，子供は産んで当り前であり，子供が産めない身体とレッテルを張られてしまえば，他人には推測しがたい精神的圧迫がかけられることになるだろう。あるいは子供がいないのはつらいという感情があるかもしれない。また，母性神話として「愛する人の赤ちゃんを産むのが女の幸せ」ともいわれる。

一方，男性にとっては子供を産ませて一人前というとらえ方がある。こうした精神的圧迫や神話を回避する手段として登場するのが「生殖医療技術(生殖補助技術)」である。技術によって「産ませる方向」へ導くともいわれる。この技術が登場する以前，お産は特に医療行為ではなかった。実際に，1955年には自宅での出産が82.2%，1960年で50%であったのだが，1970年には3.9%，1975年ではわずか1.2%に激減した。そして，1989年に0.1%とほぼ全員が病院で出産している。つまり，病院での出産の増加と共に，医療技術が「お産」に介入してきたのである。

通常，結婚をして出産を望んだ場合，3年以内に約90%夫婦には第1子の出

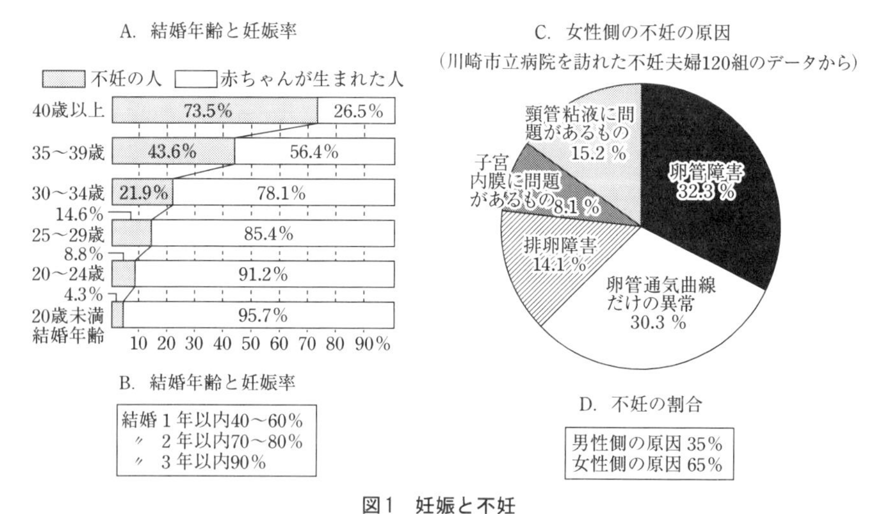

図1 妊娠と不妊

坂倉啓夫他『不妊症のすべて』婦人生活社，1983年

産ないし妊娠が確認される(図1)。逆にいえば，約10%の夫婦は通常に夫婦生活を営み出産を望んでも子供が産まれないことになる。徳川時代には，「嫁いで三年子無きは去れ」とさえいわれた。「石女(うまずめ)」という言葉もあった。現在，日本では年間約70万組のカップルが誕生しているので，統計的には「挙児願望」があっても約7万組の夫婦に子供が産まれない，すなわち「不妊」となる。

不妊の原因

出産を望んでも子供が産まれない原因は男性側，女性側ともに考えられる。男性側の不妊には，精子の生産能力が欠損しているか，精子を生産しても精子の通路である輸精管に障害があり精子が体外へ放出されない「無精子症」がある。また通常，男性が射精する精液には約2億匹の精子が存在し，受精には約5,000万匹以上の精子が必要と考えられているが，それ以下の数の精子しか生産できない「乏精子症」や「精子減少症」など精液異常が最も多い。さらに，事故や病気により性交に関係する神経系や血管系に障害が起こり，性交そのものが不能になる「性交不能(インポテンツ)」がそれに続く。この性交不能は最近では，性交への不安など心因性のものが増加している。

女性の不妊の原因は卵管障害や排卵障害の割合が多く，子宮内膜や頚管粘液の異常，子宮の形態そのものにも原因が求められる場合がある(図1)。卵管は排卵された卵子を精子の到達部位まで運搬し，さらに受精した受精卵を子宮まで送り届ける重要な機能をもつ器官である。

卵管障害の具体例として「卵管閉鎖」がある。これは卵管が炎症を起こし(「卵管炎」という)，卵子や受精卵の移送ができないので着床・妊娠ができず不妊になるものである。

子宮の外から侵入してきた大腸菌，化膿菌，淋菌などの外来性の病原菌によって引き起こされることもある。また，「卵管水腫」という卵管内に水がたまり腫れ上がる疾病も卵管障害となる。

排卵障害には「卵巣嚢腫」のように卵巣にできものが生じて卵巣の正常な機能が果たせずに排卵が困難な場合や視床下部や脳下垂体などの排卵に関係するホルモンを生産する器官に異常が生じ，排卵が不調な場合が挙げられている。

また，子宮の内壁を形成する層である子宮内膜に異常がみられる子宮内膜症では卵管炎と同様に卵管の癒着が起こり，卵子や受精卵の移送が困難になる。

子宮頸管は子宮の入り口のところにあるが，そこで分泌される排卵期に無色透明になる液体が頸管粘液である。この粘液の量が少ないと精子の遊泳が困難になり受精が生じない。また，この粘液に精子の運動を阻害する物質が放出される場合があり，これにより受精が阻害され，着床，妊娠が成立しないと考えられている（鈴木雅洲『不妊症と体外受精』主婦の友社，1991年）。

不妊の治療

卵管あるいは排卵に原因があって不妊の場合は，これらに対処できれば出産を迎えることが考えられよう。卵管障害では，卵管内に卵が通過できるようにすればよい。また，排卵障害の場合は，排卵誘発剤を使用して治療することになる。しかし，この際四ツ子，五つ子，六つ子などを妊娠し（多胎妊娠という）多生児（多胎児）が出産する可能性がある。

日本でも1976年1月，五つ子が誕生し社会的に大きな関心をよんだ。排卵障害のため不妊であった妻に排卵誘発剤を投与したところ「五つ子」という多生児が誕生したのであった。この排卵誘発剤は，多生児が産まれる可能性が高いため，その使用に対して論議が起った。また，多生児は出産時に低体重児が多いため，妊娠中に成長不良な胎児を中絶する「減数手術（減胎手術）」が行われる場合があり，これも議論が起った。1980年代初頭から減数手術が可能であるという研究報告が発表され始め，1985年末にその手術がスウェーデンで行われ，1986年4月に出産したのが世界初という。

日本では1986年2月に長野県内の病院で四ツ子を妊娠していた妊婦から二人の胎児を減らす減数手術が行われた。子宮口を開大させる薬物を投与し，全身麻酔をかけて超音波で胎児の画像を観察しながら胎盤鉗子で胎児と胎嚢をつまみ出すという方法であった。そして，同年8月に2,324グラムと2,656グラムの二人の男児が出産した。

この手術を行った医師は，次のように述べている。「全員を人工妊娠中絶することに比べれば，一人でも二人でも助けたいという考えは，まさに常識であり絶対的に正しい考え方と言えるわけです。法的なものも倫理的なものも，時代とともに変化する可能性を持っているため，絶対的とは言えないのですから，一人でも二人でも助けたいという人間心理の前提のもとに，法的・倫理的問題を改めて考えればよいと思うのです」（根津八紘『不妊治療の副産物　減胎手術

の実際　その問いかけるもの』近代文芸社，1998年）。

この手術に対して，日本母性保護産婦人科医会から当時の「優生保護法」違反になるため中止命令が出され，厚生省精神保健課も同様な見解をとった。また，生命の尊厳を軽視しているという医学者のコメントもだされた。

人工授精― AID と AIH

精子に異常があり通常の受精ができないか，あるいは男性が性交不能である場合，精子を集めて人工的に子宮内に注入し妊娠を迎えようとする方法が「人工授精（Artificial Insemination）」である。精子の提供者としては，夫（配偶者間人工授精，AIH と略す）と夫以外の男性（非配偶者間人工授精，AID と略す）の場合がある。歴史的には，AID の方が早く，日本初の AID は，1949年8月慶応義塾大学医学部付属病院産婦人科において，安藤画一教授の下で行われた。

AID の場合，医学部学生の精子を利用することで問題になった。安藤教授はこの年の日本産婦人科学会で「子供を切望する夫婦の間に，子供ができない場合，これは不妊の問題だが，この不妊をなおすのは，産婦人科医の当然の責任であり，義務である。そして，非配偶者間の人工授精は不妊をなおす最後の医療手段である」と述べている。以降，「産ませる技術」の推進派は，子どもが欲しくても産まれないのだから，考えられるあらゆる手段を利用して妊娠に導くのは当然のことであり，そうしないのはむしろ医師として怠慢ではないかという論理を展開していく。

日本での AID による第1号の人工授精児が20歳近くになった1967，68年ごろには一般雑誌でもこの問題がしばしば取り上げるようになった。67年といえば有吉佐和子のベストセラー小説『不信の時』が思い起こされる。主人公の男性の浮気が妻に知られるところとなった場面で「あなたに子供ができるわけないんです。あなたは先天性無精子症です」と発言している。夫がこの先天性無精子症の場合，出産を望めば AID の対象となる。週刊誌の見出しにも「人工授精児が20歳になった！」と書かれ，1日50組の人工授精を実施している病院の様子やこの時まで約5千人の人工授精児が誕生したことを報じていた。また，人工授精を行う動機として「養子縁組よりも好ましい」「子供が好き」とともに「妊娠を体験したいという妻の願望とか本能もあるのです」と医学者がコメントを寄せていた。また，この記事には人工授精の問題点として同じ精子に由来した人工授精児同士で結婚する可能性があることも別の医学者が指摘し,「医学的技術が,社会通念より先に走っているのが現実」と語っていた(「サンデー毎日」1968年4月12日号)。精子を直接,注射器で卵子に顕微鏡で確認しながら注入する「顕微受精」の方法もある。男性不妊の究極の治療法と呼ばれているものである。実際にこの方法による出産が知られている。これらの方法でもなお,出産にこぎつけることができない場合に,いわゆる「試験管ベビー(Test - tube Baby)」がある。

試験管ベビー(人工授精児)

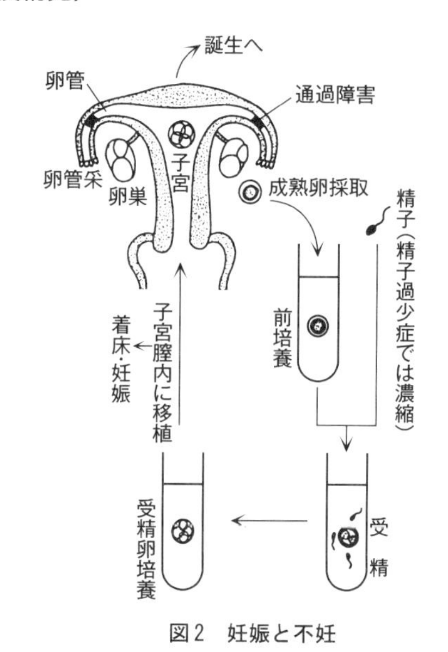

図2 妊娠と不妊

(斉藤隆雄『「試験管ベビー」を考える』岩波書店,1985年)

試験管ベビーの方法の概略は図2に示したようである。基本的な原理は,1970年代から主として家畜で研究されていた生殖技術をバイオテクノロジーの進展に伴って,ヒトに応用したものである。そのため,「神の領域へ人間が踏み込むようになった」,とか「人間が人間をコントロールできるようになった」などの発言がしばしば聞かれた。

世界初の試験管ベビーは,1978年7月25日,英国中西部のオールダム病院医師P・ステプトー(Patrick Steptoe 1913-1988年)とR・エドワーズ(Robert

Edwards 1926年－)による女児ルイーズ・ブラウン(Louise Brown)で，出産時の体重は2,600グラムであったという。

日本では，1982年ころから学界内で体外受精を実施する気運が高まり，それに関した専門家の団体である受精着床学会が発足した。そして，実施へ向けての条件整備を進め，1983年10月，東北大学医学部産婦人科の鈴木雅洲教授のチームにより初の出産に成功した。出生児体重2,544グラムの帝王切開で産まれた女児であった。母親は結婚後8年，30歳の女性で卵管水腫により卵管が詰まり腫れていたことが原因で不妊であった。残念ながらこの子は，2年後に肺炎で死亡した。

ルイーズ・ブラウンの顔や生活の様子がマスメディアで報じられ，多くの人々が祝福の意を表していたのに対して，日本初の試験管ベビーについては，両親の実名を報道した新聞があり先端生殖医療技術の利用とプライバシーの保護の観点から社会的に問題となった。また，この試験管ベビーが東北の農村の女性に対して行われたことに「どうしても後継ぎを産まなくては」とか，「男の子を産んで欲しい」という圧力があったのでないかともいわれた。いずれにせよ，英国の場合とは異なり，後味の悪さを残した感があった。

この日本で初の試験管ベビーが誕生した1983年1月，東北大学では，次のようなガイドラインを設けていた。

東北大学「体外受精・胚移植に関する憲章」

1　体外受精・胚移植基本理念

①　体外受精・胚移植は医療行為として行う。

②　体外受精・胚移植は，不妊症患者の幸福に貢献することを目的として行う。

③　体外受精・胚移植行うにあたって，日本産婦人科学会で定めた基準を遵守する。

④　体外受精・胚移植の実施にあたっては，遺伝子に影響を与えると思われる一切の操作を行わない。

2　体外受精・胚移植の実施要項

⋮

⑤　体外受精・胚移植は卵管に原因のある不妊症で，卵管形成術によっても治癒不可能と思われる場合を適応とする。

⑥　体外受精・胚移植は以下の条件が揃った場合に施行する。

a　合法的に結婚しており，夫婦ともに挙児を希望する。

b　被実施者は精神・身体ともに，妊娠・分娩・育児に耐えうる健康状態にある。

c　被実施者は，着床および妊娠維持が可能な子宮を有する。

d　被実施者は，成熟卵の採卵が可能な卵巣を有する。

e　被実施者の配偶者より，妊孕能のある精子を得ることができる。

3　体外受精・胚移植における患者管理

①　被実施者及びその配偶者に対して，体外受精・胚移植について，充分な理解を得るように説明する。

②　体外受精・胚移植の実施の決定及び術式の選択については，被実施者及びその配偶者の意志を尊重する。

③　体外受精・胚移植について被実施者及びその配偶者の了解を得た上で同意書を作成する。

④　体外受精・胚移植にともなう被実施者，その配偶者の精神的・身体的・社会的な諸問題に対処するために，体外受精・胚移植に精通したカウンセラーを置く。カウンセラーは被実施者の要請に応じて業務を行う。

上の1・③にみられる日本産婦人科学会で定めた基準とは，この学会が1982年11月に設けたもので以下のようである。

日本産婦人科学会で定めた基準

1　臨床応用に際して，動物実験による quality control* を十分に行い得ること。

2　医師が総ての操作及び処理に責任を持てる状況で行うこと。

3　実施に際しては，被実施者に方法と予想される成績について十分に説明し，その同意を得ること。

4　体外受精の段階でとどまったものについては，その取り扱いに十分注意すること。

5　被実施者は，合法的に結婚している夫婦とし，非配偶者間では行わないこと。

6　疑問点については，本学会に照会すること。

*器具，操作，培養手技などについては，マウスなどの動物実験でその安全性を充分に確認すること。

（斎藤隆雄『試験管ベビーを考える』岩波書店，1985年）

これら以外にも，1983年4月には徳島大学医学部が「ヒト体外受精卵子宮内移植法に関する申請についての倫理委員会判定」や，同年5月にも富山医科薬科大学付属病院産婦人科が「体外受精ならびに胚移植に関する基本方針」を定めていた。

徳島大学の倫理委員会では試験管ベビーについて，以下の問題点が挙げられた。

1 先天異常の危険と対策

2 胚(受精卵)の身分

3 体外受精への遺伝子操作の悪用の危険

4 秘密保持と公開の原則の調和

5 生命を物とみる風潮を助長する懸念

6 生みの母，育ての母のほかに「遺伝子の母」が出てくる可能性—代理母と卵の提供

7 アフターケア

8 研究機関の倫理委員会と国の法的裏づけのあるガイドラインが協調して機能できる態勢

(斎藤隆雄『試験管ベビーを考える』岩波書店，1985年)

その後，試験管ベビーによる出産は急速に進展するようになった。日本では，1983年12月，1984年1月に東北大学のチームがともに女児を，同年3月には東京歯科大学市川病院，徳島大学でともに男児を出産している。1983年6月時点で，世界的には英国，オーストラリア，米国，オーストリア，西ドイツ，フランス，スウェーデン，イスラエル，スイス，シンガポール，南ア共和国などで合計約300人が産まれていたのである(鈴木雅洲『体外受精　成功までのドキュメント』共立出版，1983年)。1985年10月には日本で試験管ベビーの方法による女児の双生児が誕生した。さらに，前述の鈴木教授のチームは教授の定年退官にともない，日本初の試験管ベビー専門病院を1986年7月，宮城県内に設立した。この病院で出産した小学校教諭の体験記には，著わした理由を「不妊女性の悩みがいかに深いかということと体外受精が不妊治療のひとつであることを知ってもらいたかったから」と述べている。本書の副題は，“不妊治療8

年目の赤ちゃん”であった(大槻浩子『「対外受精」日記』主婦と生活社，1990年)。

試験管ベビーは方法自体も簡略化が進み，1984年に開発された体外に人工的に取り出した精子と卵を培養液中で混ぜ合わせて卵管へ送り込む「配偶子卵管内移植(ギフト法)」も普及している。

試験管ベビーの問題点

それでは，このような試験管ベビーのどこに問題があるのか検討していきたい。まず，この方法の実施を願う人達の気持ちはどのようなものであろうか。日本初の体外受精による出産に成功した東北大学産婦人科への外来患者約300人に対するアンケートの結果の一部を次に掲げる。

- あなたが体外受精について良いとおもうことは何ですか

従来の治療ではまったく妊娠できない人が妊娠可能になる	91.0%
父母と同じ遺伝子の児が生まれる	66.7%
夫の精子が少なくて妊娠できない場合でも夫の精子による妊娠が可能となる	58.7%
排卵後の2〜3日間を除き自然の場合と同じ妊娠分娩経過をとる	44.3%
開腹手術のような大きな手術を必要としない	23.3%

- あなたが体外受精について悪いとおもうことは何ですか

妊娠成功率が低い	54.3%
高度な技術が必要なために治療する施設が限られる	44.3%
治療に長い期間を必要とする	26.0%
受精卵が人工的に操作される	19.7%
宗教的理由	3.3%
その他	1.3%

(鈴木雅洲『体外受精成功までのドキュメント』共立出版，1983年)

これらの結果に対して，アンケート実施者は体外受精に対して，良い点を挙げた人数が悪い点を挙げた人数の2倍いること，また，悪い点については医療技術的な改善で補いうることと考えている。その他，悪い点で「体外受精が道徳的に反する，と答えている人はほとんどないことが特徴的である」とし，体外受精に対する評論でこの方法による出産に対して間違った理解をしているものが少なくなく，こうした評論は「社会人を誤った方向に指導し，不妊症の人々にはなはだしい恐怖と，精神不安を与えている」と述べている（鈴木雅洲『体外受精成功までのドキュメント』共立出版，1983年）。

東北大学体外受精チームのリーダー鈴木雅洲教授の倫理問題に対する見解は以下のようである。「倫理は道徳を実行に移すことといわれる。倫理に対する考え方は十人十色である」ことを前提として「倫理論争には終わりがないのであろう。倫理について検討したならば，その結論として，社会に対して何らかの貢献があるべきであると考えている。論争のための倫理，あるいは多くの人の興味を引くための倫理であっては，社会に対して何らの貢献ももたないであろう」としている。議論よりも実行を優先し，実際に不妊で悩んでいる人に対して妊娠，出産を迎えることが社会的貢献であると考えているようで医学者としての典型的な見解と思われる。既成事実の積み上げで議論自体の重要性を希薄にしてしまう恐れが感じられる。

米国では，1970年代初頭までは厳格で純潔な生活態度を求めるピューリタン的倫理観の影響を強く受け，未婚の女性が出産した新生児は大半が養子に出されていた。しかし1973年の妊娠中絶の合法化以降，高率な避妊法の普及，未婚の母の社会的認知とあいまって養子の数が激減した。米国における試験管ベビーの可否を問う世論調査の結果は「養子縁組ができないための代替手段として認める」というものが圧倒的に多いという（米本昌平『バイオエシックス』講談社現代新書，1985年）。

さて，前述の徳島大学倫理委員会や東北大学のアンケートで取り上げられた成功率を検討しておこう。1985年の厚生省の全国調査では，528例中45例で8.5%。東北大学では35例めの妊娠成功であったという。そもそも，体外受精では仮に受精，着床に成功しても流産率が約40%と，自然妊娠の10～18%より高率である。出産までの全過程での成功率は30%が考えられる最高の目標という（斎藤隆雄『試験管ベビーを考える』岩波書店，1985年）。

元来，体外受精を試みる原因は，卵管がつまって卵巣から排卵された卵子が精子と出会う子宮まで進んでいけない「卵管通過障害」が大半である。卵管の炎症や癒着，発育不全，子宮外妊娠時の手術による切除などが考られている。オーストラリアでの体外受精の反対意見にはこの点に関したものがある。当地の「生命の権利協会」では「生命をもて遊ぶことをやめ，卵管不妊の治療に全力を注ぐべきである」と主張している。具体的には顕微手術による卵管形成術の向上こそ目指すべきことで，米国ではこの手術により体外受精によらずに出産に成功した例を挙げている（Wウォルターズ・Pシンガー編，坂元正一・多賀理吉訳『試験管ベビー』岩波現代選書，1983年）。

試験管ベビーでは徳島大学の倫理委員会で議論になったように先天異常の発生の問題がある。国際的に体外受精で出産した新生児約600人を調べたところ，先天異常が見られたのは二例であったという（斎藤隆雄『試験管ベビーを考える』岩波書店，1985年）。一人は出生時の体重が2,351グラムの男児で，心臓の血管に転位があった。もう一例は出生時体重が2,340グラムの女児で左胸壁に血管の腫瘍があった。体外受精を行うには，これまでみたように採卵，採精，体外受精，受精卵の培養，子宮への移植などの過程で温度，圧力，外気，光，母体からの隔離などがあり卵子や胚が完全に保護されているわけでないのである。

自然児（人工的な操作を加えずに生まれた新生児）の先天異常の発生率は，約1%なので先天異常の発生率だけをみると，体外受精を行うと特別に先天異常が増加するということではない。しかし，流産率は自然児と比べて体外受精の場合は約4倍である。一般に初期の流産では胎児に重篤な異常がある場合が多いといわれているので，このことと体外受精における高い流産率との関係を明らかにする研究が望まれる。

（2） 生殖医療（補助）技術の諸相

代理母

試験管ベビーによる出産で，夫の精子と妻の卵子を利用し，受精させ妻が出産するのであれば許容されるという考えがある。しかし，それ以外の組合わせも考えられる。その一つが夫以外の精子と妻の卵子を使い妻が出産するという場合である。1998年にはインターネット上に「優秀な精子を求む」という広告が出され社会的な関心をよんだ。この精子の販売は，米国では結婚はしないけれども出産を望むいわゆる「シングルマザー」に利用されている。

一方，夫の精子，妻の卵子を使うのだが妻が出産できず別の女性に出産を依頼する場合もある。これが「代理母（Surrogate Mother）」である。米国で代理母が出産した際，その子どもを自身で育てて生きたいと依頼した夫婦から受け渡しを裁判に求めた事件が起った。産みの母と遺伝子の親との裁判として社会的な関心と議論を引き起した(ベビーM事件という)。

この事件は米国の38歳の生化学者の夫の精子と同じ歳の小児科医の妻の卵子を体外で受精し，代理母の斡旋業者に7,500ドルの仲介手数料，代理母に最低17,500ドルの報酬を払う契約をし，28歳の主婦を代理母とし出産を依頼したところから始まる。代理母は依頼した夫婦の受精卵が着床し，妊娠が成立，1986年3月に女児を出産した。ところがこの代理母は自身が産んだ子に愛情を感じ，報酬の受取りと子供の引き渡しを拒否して自宅へ連れて帰り授乳を始めてしまったのである。依頼した夫婦が裁判所に訴えたところニュージャージー地方裁判所は産まれてきた女児の「独占的養育権」を依頼した夫婦に与えたのである。そこで，代理母はさらに裁判で争った。結局，1988年2月にニュージャージー最高裁判所は，次のような判決を下した。

本件の代理出産契約は，わが州の法律と公序良俗に抵触するので，これを無効とする。不妊のカップルたちがわが子を欲する切実な思いは認めるが，「代理出産」の母役への金銭の支払は違法であり，多分に犯罪的であり，女性の品位を落とす恐れさえある事が判った。本訴件では，養育権を実の父に附与するが，それはこの形での監護養育が乳児(ベビーM)の最善の利益に適うことが証明されたからである。ただし，本件の代理母における親権の終了・放棄と妻/継母による当該児童との養子縁組は，共に無効とする。したがって，この「代理母」の当該児童の母親としての地位は回復される。

(P・チェスラー著，佐藤雅彦訳『代理母　ベビーM事件の教訓』平凡社，1993年)

日本でも，1990年9月日本人夫妻の受精卵を米国人女性の子宮へ入れ，出産した事実が明らかになっている。1991年10月には，米国のある代理母斡旋会社の東京事務所が「代理母出産情報センター」として開設された。ここに米国で代理母を依頼した28歳の女性は，米国では女性3,000人に一人存在するという「子宮欠損症」であった。彼女は膣が閉じ，子宮も痕跡程度しかみられず，高校生の時に，医師から子供が産めない体であることを宣告されていた。こうした女性の中には「このためにボーイフレンドもつくれない，結婚もできない，挙げ句に「子宮のない女は女ではない」という理不尽なレッテルを貼られ，一生悩みを抱えて生きていかなければならない人がいる」という(鷲見ゆき『鷲見ゆきの赤ちゃんが授かる本　不妊治療最前線情報』見聞ブックス，1995年)。

このセンターでは代理母の依頼者に以下のような条件を挙げている。

1　40歳くらいまでで，子宮が生まれながらないか，あるいは子宮をなんらかの理由で摘出している。卵巣は健全で問題がないこと。

2　妻と夫に合意があり，また，ともにHIV，梅毒，肝炎，CMV，その他の性病，ウイルス性の病気をもっていない。

3　経済的に問題がない(ローン等の支払いがない)。

4　長い不妊治療歴がある。

5　強い挙児願望がある。

6　子宮はあっても妊娠を継続できない不育症の人。

7　他に病気があって妊娠できない人。

(鷲見ゆき『鷲見ゆきの赤ちゃんが授かる本　不妊治療最前線情報』見聞ブックス，1995年)

なお，文中のHIVとはヒト免疫不全ウイルス，エイズウイルスのこと，CMVはサイトメガロウイルスのことで妊娠中にこのウイルスに感染すると胎児に障害が起きることがある。

代理母を考える場合，誰が出産するのか，精子，卵子は誰に由来するのかという問題が生じる。もっとも典型的な代理母は，夫の精子は正常で，妻も排卵には何も問題がないが，なんらかの理由で自身の子宮による妊娠出産ができない場合，第三者の女性に夫婦の妻の子宮ないしは人工受精させた受精卵を子宮に挿入し着床，妊娠，出産を迎え，出産後，新生児は産みの母(代理母)でなく精子，卵子を生産した遺伝上の親が養育するという場合である。「借り腹」とよばれることがある。

ところが，現実にはこのような事例のみとは限らない。妻の排卵ないし人工的な採卵は不可能だが，妻の子宮では正常な妊娠の継続が可能なことがある。こうした場合，第三者の女性から卵子の提供を受けられれば，その女性に夫の精子を人工的に挿入し，着床前に洗浄して受精卵を採り出し，この卵を妻の子宮に移植して着床すれば妊娠，出産が望めるのである。こうした事例を「受精卵移植」と呼んでいる。妻はここから産まれた子どもとは遺伝的なつながりはないが妊娠・出産の経験はできるわけである。1984年2月米国カリフォルニア大学ロサンゼルス校ハーバ医療センターで，この方法による男児の出産が明らかにされている。

このような事例を含めて代理母の問題は，誰が母親なのかということと，養育権は誰かということが指摘されている。また，代理母が商業主義に利用される可能性があること，産まれてきた子どもの人権や福祉の問題も考えられる(小野滋男　生殖技術と遺伝子操作，今井道夫・香川知晶編『バイオエシックス入門』東信堂，1992年)。

凍結受精卵

体外で受精した卵子をマイナス196℃に保った液体窒素のタンクの中に入れておくと半永久的に保存することができる。このような処理をした卵子を「凍結受精卵」という。この卵子を解凍して子宮に戻し，着床すれば妊娠・出産が可能である。凍結受精卵を使ったヒトの出産は，1984年3月オーストラリアで成功したのを初めとして，1988年末までには世界中で300例を超え，増加の一途を辿っている。日本でも，1989年12月に東京歯科大学市川病院で37歳の女性がこの方法を使った出産に成功した。しかも，この場合は女児の双生児であった。

この凍結受精卵の利用は原理的に試験管ベビー，すなわち人工体外受精をした後の受精卵の処理の一種として考えることができる。体外受精をするためには，女性に排卵誘発剤を注射して卵を卵巣から取り出す。このとき排卵誘発剤の影響で多くの場合，数個から十数個の卵が排卵される。一方，この卵を試験管ベビーに利用する際，一度で着床が成功するとは限らないので採卵した卵のすべてを利用せず一部を保存し，次の機会に残しておいた方が良い場合がある。また，排卵誘発剤の利用は母体に負担がかかり，短期間で繰り返し行うことが困難な場合が多い。そこで，いったん採卵した卵の一部を凍結して保存しておくのである。

このような凍結受精卵については，様々な懸念や不安がある。一つめは安全性の問題である。受精卵をマイナス196℃の低温にしていく過程，低温下での保存の間，解凍する過程などでなんらかの悪影響が生じ，凍結受精卵を使った胎児に異常が発現しないかということである。二つめは社会的混乱を引き起こすことへの懸念である。実際にオーストラリアでは，凍結受精卵を保存中の両親が飛行機事故に遭い，この卵の扱いに苦慮した例がある。この場合，ビクトリア州倫理委員会は公聴会を開き，凍結受精卵を廃棄した。また，米国では離婚した男女がそれぞれ卵の所有権を主張し裁判で争った。三つめは，受精卵をヒトの出発点とみるか，ヒト以前の存在とみなすかなど生命の尊厳に関わる問題がある。そのため，関連学会や大学，医療機関等で適用者や保存期間などを決めたガイドラインや倫理規定が設けられている。

男女の産み分け

ヒトの染色体は，図3に示したように22組44本の常染色体と2本の性別に関係した染色体(性染色体)がある。1902年に米国のC・マックラング(C. M. McClung)がキリギリス科の動物を使って性別が性染色体によって決まることを確証した。ヒトを含む哺乳類の場合，性染色体はX染色体とY染色体があり，男性はXY，女性はXXの組合わせとなる。女性が排卵した卵子に含まれる性染色体はすべてX染色体であり，男性が生産する精子にはX染色体を含むもの(X精子)と，Y染色体を含むもの(Y精子)がある。すなわち，精液にはX精子とY精子が混じって存在していることになる。このように精子に2種類あるものを「精子二型」とよんでいる。

このX精子とY精子は性質が異なる。Y精子はX精子に比べてやや小型で遊泳速度が早いことや，重量ではX精子のほうがY精子よりもやや重いことが知られている。このようなX精子とY精子の物理的性質の違いを利用すれば精液中のX精子とY精子の分離が原理的には可能である。さらに，一方の精子だけを取り出してその精子を子宮内に挿入して卵子と受精し，妊娠すればその精子の性染色体の性別の子どもが誕生することになる。これが生物学的原理に基づいた「男女の産み分け(Sex Selection)」である。

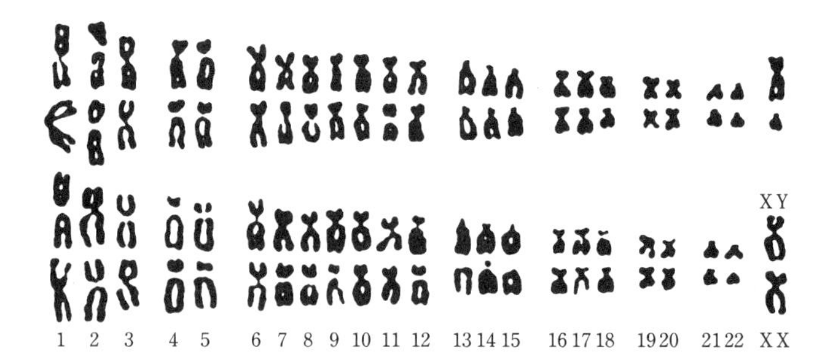

図3　ヒトの染色体
(木村資生編『ヒト遺伝の基礎』岩波講座　現代生物科学6，岩波書店，1975年)

1970年代に入り二種類の精子を実験的に分離して男女を産み分ける研究が進められ，80年代半ばころから実際に産み分けに成功した例が報告されるようになってきた。日本では1985年5月に慶応義塾大学医学部産婦人科の飯塚理八教授のグループが女児の産み分けに成功し，6人の女児がすでに誕生していることが報じられた。

このとき使われた方法は，細胞を分画することに利用されていたコロイド状シリカゲル系の物質であるパーコールに精液を入れ，遠心分離機で遠心力をかける「密度勾配遠心法」を用いてX精子とY精子の分離が行われた。そして，X精子が使われ女児が産まれたのである。この方法を用いるとX精子はほぼ100%，Y精子は約90%分離できるといわれている。

現在成功している産み分けはすべて女児であるが，ただ単に親の希望で産み分けているのではない。色覚異常(赤緑色盲)や血友病のような女児に比べて男児に極めて多く発現する疾病をもつ子供の出生を未然に防止する意図が込められている。

また，男女を産み分けることはほぼ1対1に保たれている男女の性比がくずれるのではという懸念がある。この点について，コンピュータ・シュミレーションから現状程度の産み分けでは性比が崩れる心配はないとされているが，自然の摂理に反する行為ではないかという批判がある。

ウォーノック委員会勧告

これまでみてきた試験管ベビー，凍結受精卵，代理母等，ヒトの受精卵を遣った研究などに対して倫理委員会での審議や学会が作成したガイドラインに従って実施するのではく，法的に規制しようとする動きは世界初の試験管ベビーが誕生した英国で始まった。1982年，英国政府は哲学者M・ウォーノック(Mary Warnock)を委員長とし，医学者，法律者，宗教者，社会学者，市民代表など16人の委員からなる委員会を設置したのである。そして，この委員会は1984年7月，次のような勧告を提出した。

ウォーノック委員会勧告

本委員会が規制すべきであると勧告する研究，およびこれを不妊症に適用することを取締まる認可機関を，新しい法令によって設置すべきである。研究とその不妊へのサービスを取締る法令による機関は本質的に素人を代表するものでなければならず，議長は素人であるべきである。………

AID（第三者の精子による人工受精）は，正当な組織の下で定められた取扱いに従うものとして，この処置が適当と考えられる夫婦に適用されるべきである。………

卵子の譲渡はAIDと体外受精の規制のための勧告と同じ形式の認可と検閲に従うとき，不妊に対する取扱いとして承認された技術として認められるべきである。………

子宮洗浄による胚の譲渡の技術（受精卵移植）は，現在用いられるべきでない。

治療措置における凍結卵の使用は，受認できない危険が存在しないことが研究の結果示されるまで，試みられるべきでない。………

人間の体外受精胚を使っての研究やこの扱いは，認可があった場合にのみ認められるべきである。………

余剰の胚の使途もしくは保存については，承諾を得るべきである。………

人間の配偶子（卵子，精子）や胚の売買は，認可機関から認可を得たときのみ，定められた条件に従うものとして，認められるべきである。………

法律によって，英国において，代理妊娠のための婦人の募集や，代理母サービスの利用を望む個人や夫婦のための斡旋などを目的とする組織を創ったり運営することは犯罪となるようにするべきである。………

凍結保存による胚を用いて生まれたいかなる体外受精児も，父親の死亡時に子宮に移されていなかった場合には，後になって相続や遺産を受け継ぐことにならないものとされるべきこと。

（米本昌平『バイオエシックス』講談社現代新書，1985年）

この勧告が公表されるとただちに医学者，科学者達は強い反発をしたという。反対の要点はヒトの胚に対する研究を法的に規制することであり，ガイドラインによる自己規制が妥当であるという考えであった。道徳的感情だけで法的，社会的規制をするのは困難であり，その合理的説明も不可能という見解もある（米本昌平『バイオエシックス』講談社現代新書，1985，小野滋男　生殖技術と遺伝子操作，今井道夫・香川知晶編『バイオエシックス入門』東信堂，1992年所収）。

クローン人間

生殖医療に関する技術はとどまることを知らずさらに新たな開発をし続けている。1997年2月24日付の新聞各紙はロンドン発の共同電を基に「クローン羊」の誕生を伝えた。英国エディンバラ郊外のロスリン研究所(Roslin Institute)で「もとの羊と遺伝的に全く同一のクローン羊を世界で初めてつくること」に成功した。「ドリー(Dolly)」と名付けられた(図4)。

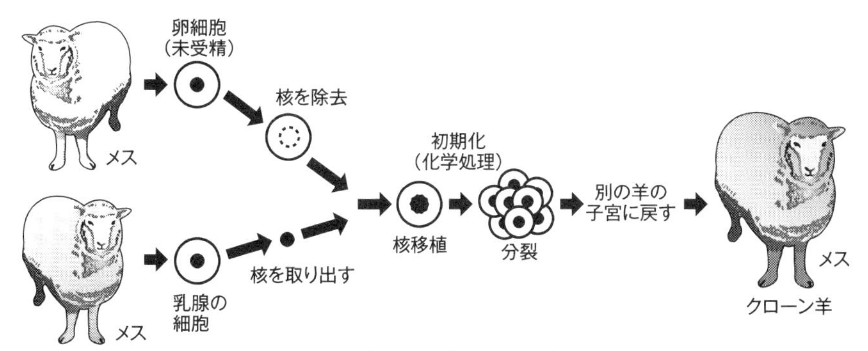

図4　クローン羊のつくり方
(朝日新聞1997年2月27日，改図)

そして，この「実験の成功で，優秀な家畜と全く同じ子供を大量に生産したり，成長に伴って遺伝子がどう変化していくかを親の遺伝子と比べたりすることで，老化の研究が進むなどの成果が期待できる」反面，「理論上は人間にも使える技術だけに今後，議論をよびそうだ」と報じていた。

その具体例の一つとしてローマ法王ヨハネ・パウロ二世(Ioannes Paulus II, 1920-2005, 在位1978-2005)の側近は「人間は，実験室ではなく人間らしく生まれる権利を持っている」と強調し，「世界の国々が，人間のクローンを禁止する法律を制定するよう強く望む」と述べた(1997年2月27日朝日新聞)。

新聞の投書欄には，「幾種もの生物の中の一種類に過ぎない人間が，遺伝という自然の摂理の根幹を操作・管理し得る」ことに恐怖を感じた18歳の高校生の意見が掲載された。「生命を操作する技術がまん延したとき」「自然からのしっぺ返しがくる」のを危惧し，「人間はなぜ生まれ，何にはぐくまれ，何と共に生きているのかを見詰め直すべき」と提言している(1997年3月5日朝日新聞)。また，「もし，神という存在があるのならば，人は神になろうとおごり高ぶっていないだろうか」「人類がどこから来たのかも分からずに，なぜ，先ばかり急ぐのだろう」という意見もみられた(1997年3月7日朝日新聞)。

さらに1997年3月3日付の新聞各紙は，米国のオレゴン地域霊長類センターで「クローン猿」の誕生に成功したことを報じた。方法自体はこれまで動物で成功していた受精卵の核を未受精卵に移植するものである。霊長類では初めての成功であった。

そして，1998年12月16日，ついに韓国ソウルの慶熙(キョンギ)大学医療院で12月15日クローン人間につながる実験に成功したと報じられた。30代の女性の未受精卵から核を除き，その女性の体細胞の核を移植して，4細胞になるまで胚を培養することに成功したというものである。この胚を子宮に移植し，着床すれば妊娠・出産へとつながり「クローン人間」の誕生になるところであった。

ただちに韓国で「人類の安全について悩むべき医療陣が知的好奇心から，人類を破滅に導きかねないことを行ったことは許せない」などの批判や抗議がなされた(1998年12月16日朝日新聞)。クローン羊ドリーが誕生した段階で，米国クリントン(William Jefferson Bill, Clinton, 1946－)大統領は，クローン人間を誕生させる可能性がある研究には，連邦政府の研究予算の提供を禁止する方針を発表していた。ドイツやデンマークではすでに研究自体を禁止している(図5)。

日本でも1997年3月に内閣総理大臣の諮問機関である科学技術会議の政策委員会もクローン人間につながる研究に政府支出を禁止することを決定してい

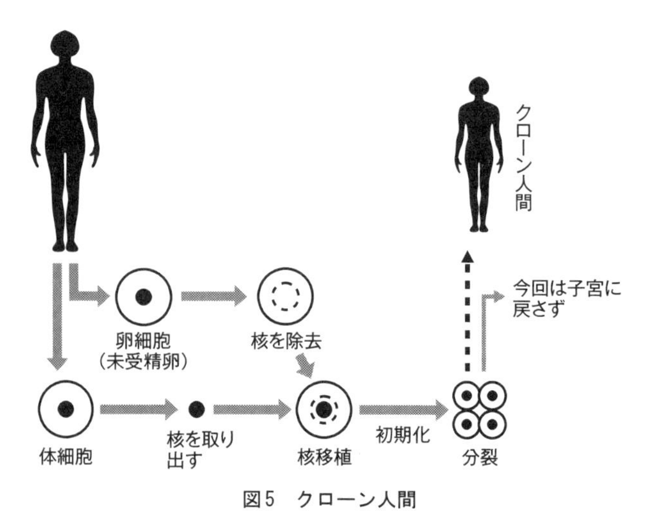

図5　クローン人間
(朝日新聞1998年12月16日，改図)

る。クローン人間に関して，キリスト教やイスラム教の国々では，生命操作自体を神を冒す行為と考えるが，日本はこれとは異なり「完全なコピーとしてのクローンに不気味な感触をおぼえた」のではないかという宗教学者の意見があった。そもそも，クローン人間といっても全く同一の人間が誕生するわけではない。イメージとして，何人ものヒットラー(p.74)やマリリン・モンロー(Marilin Monroe, 1926-1962)が列をなす図が示されるが，人間が成長していく過程には，遺伝的な要素ばかりでなくむしろその後の教育や栄養，人間関係，社会的状況など様々な外的要因に大きな影響を受ける。外見上は全く同じにみえても，人間性まで同一という事は現実的にはありえないことである。

tea break ドリーの寿命

英国ロスリン研究所のウィルマット(Ian Wilmut, 1944-)が作成し，センセーショナルな話題を提供したドリーは，誕生後どのように成長していったのだろうか。誕生後7か月あたりまでは順調に生育していると報道された。しかし，誕生後6年7か月後の2003年2月，誕生した研究所で安楽死させられた。正確な病名が公表されなかったため，関節炎の悪化とか呼吸器感染症・肺疾患などといわれている。報道された内容を総合すると，ドリーは2002年1月5歳半の時，この年齢では一般的でない関節炎を罹患したことが報道された。高齢の羊の見られる疾患が比較的若い段階でみられたので，クローン化，クローン技術に対して疑問が出されたのである。

ドリーのDNAは正常な染色体の末端にあり塩基配列が繰り返された構造であるテロメアが短いという特徴が生前から判明していた。このテロメアは，細胞分裂が起こると短くなるため，老化とともに短縮するという考えがあるが必ずしも明確な証拠があるわけではなかった。むしろ，染色体末端を保護する働きがあるとも考えられている。生殖細胞ではテロメラーゼというテロメアを伸ばす酵素が働いている。2009年，米国のブラックバーン(Elizabeth E. Blackburn)，グライダー(Carol W. Greider)，ショスタク(Jack W. Szostak)は「テロメアおよびテロメラーゼが染色体を保護する機序の発見」によりノーベル生理学医学賞を受賞している。

ドリーは，DNAの寿命まで初期化されていなかった，不完全であったと考えられたのであった。実際，ドリー死後に試みられた哺乳動物のクローン化でも死産や誕生直後の死亡，臓器の異常などが見出されている。(溝口元・河合忍『自然科学のとびら－生命・宇宙・生活』アイ・ケイコーポレーション，2016)

[2]　再生医療の誕生と展開

(1)　再生医療とは

クローン技術の科学的理論・基盤を果たしているのが発生生物学(生物個体を念頭に置き，生命の出発点と捉えられている受精から成体に至る過程を扱う生物学の一分野)や細胞生物学(細胞の構造・機能の解明を主にさらに細胞レベルで固体の生命現象全般を捉えようとする生物学の一分野)である。これらはクローン技術ばかりでなく，臨床応用への期待が高まっている「再生医療」の科学的基盤でもあり，そこで展開される医療は生命倫理とも関係するものである。まず，内閣府の科学技術政策・イノベーション担当がホームペイジ上で公開している「再生医療(Regenerative medicine)」の説明(http://www8.cao.go.jp/cstp/5minutes/001/，2015年9月8日閲覧)の説明をみると，

・損傷を受けた生体機能を幹細胞などを用いて復元させる医療
・臓器移植と異なり，ドナー(臓器提供者)不足などを克服できる革新的治療
・従来法では治療困難である疾患・障害に対応可能
・未来の医療の実現に向けて，我が国を含めた世界各国が熾烈な競争

である。

「再生医療とは，いろいろな理由で損傷を受けた生体の機能を，幹細胞などを用いて復元させる医療です。再生医療は，臓器移植等とは異なり，ドナーの不足などという問題を克服できる非常に革新的な医療です。未来の医療として位置付けられて，世界各国が熾烈な競争を展開しています」と述べられている。

正常な機能が果たせなくなった組織や器官，臓器をそれ自体，再生することはなく移植による治療が現実的である。しかし，他者からの移植では，後述(Ⅳ部　終末期への対応と死の諸相，[3]臓器移植とその法律)するように，提供者数の絶対的不足や拒絶反応等の問題が起こる。しかし，自身に由来した細胞を人工的に特定の臓器になるように誘導して機能を回復させることができれば，画期的なことである。それを目指すのが再生医療である。

(2) ES細胞とiPS細胞

ES細胞

元来，生物の体は，1個の細胞である受精卵から細胞増殖，細胞分化を繰り返しながら形づくられていく。その際，あらゆる器官・臓器になりうる全能な細胞が作られる。胚性幹細胞（embyonic stem cell：ES細胞）と呼ばれるものである。このES細胞は受精卵の細胞分裂がしばらく進んだ「胚盤胞」と呼ばれる時期の胚の内部にあり，それを取り出し培養して得られる。したがって，人間のES細胞には人間の受精卵が必要であり，それを提供する第三者が必要となる。そのため，再生医療の利用できることが考えられる人間のES細胞を使った医療行為は，将来，れっきとした人間になっていく受精卵を破壊してしまうことになるため生命倫理上の問題が生じる。なぜなら受精卵の細胞とは人間の始まりであり，たとえ細胞1つであったとしても一人の人間として成長していく権利は誰にも犯すことはできないというわけである。

また，ES細胞を仮に医療行為に用いることが許されたとしても，他人のES細胞で作られた臓器は他人の臓器と同じであるため，拒絶反応が生じうる。この問題は移植される側の細胞の核をあらかじめES細胞の核と核移植により入れ替えれば拒絶反応はなくなるが，人間の細胞核を移植することもまた倫理的にただちには認められにくいであろう。

iPS細胞の登場

そこで，ES細胞を使って再生医学を進める上でのこうした問題を解消する上で現在最も注目されているのが，「人工多能性幹細胞（Induced Pluripotent Stem Cell; iPS細胞）」である。このiPS細胞と名付けられた万能細胞は，2006年，当時奈良先端科学技術大学院大学に勤務していた山中伸弥（1962－）のグループによって，マウスの線維芽細胞から世界で初めて作られた。翌年には人間の細胞でも作成に成功し，iPS細胞は，人間の皮膚細胞に4つの遺伝子（*Oct3/4, Sox2, Klf4, c-Myc*）を遺伝子を運搬する働きがあるレトロウイルスを使って導入し，人工的に作り出した細胞である。iPS細胞は皮膚の細胞をもとに作り出すことができるのでES細胞のようなヒトの受精卵必要としない。そのため，生命倫理的問題を回避できると考えられるのである。その後，中山は京都大学に移り，2010年からは同大iPS細胞研究所所長。そして，2012年には，クローンガエルの作成に成功した英国のガードン(John Gurdon, 1933－)とともに「成熟した細胞がリプログラムされ多分化能をもつようになることに対する発見」によりノーベル生理学医学賞を受賞した。

さて，皮膚の細胞は治療を受ける患者本人の皮膚細胞を用いると，移植の際に拒絶反応もなく治療が可能になる。皮膚の細胞をもとにiPS細胞を作り出すには，少なくとも1か月から数か月を要する。そのため，患者本人か同じ細胞型の数種類のタイプの細胞を預けておく「細胞バンク」の準備が始まっている。こうしてiPS細胞は再生医療においてES細胞に代わる大きな期待が掛けられた画期的な万能細胞と捉えられるようになった。

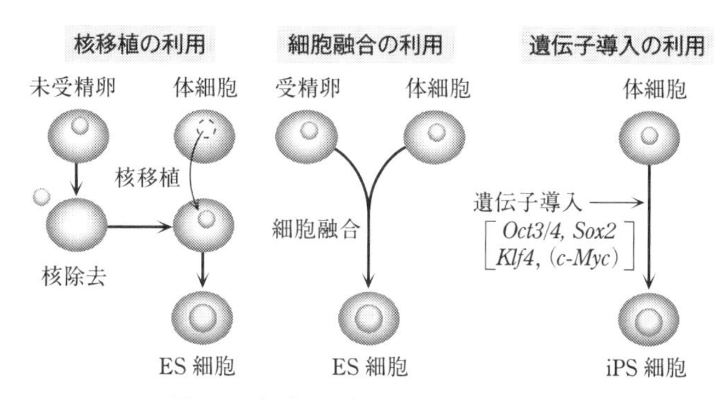

図6　ES細胞に代わるiPS細胞の作出法
(溝口元・河合忍『自然科学のとびら－生命・宇宙・生活』アイ・ケイコーポレーション，2016年)

再生医療とともにiPS細胞を使った創薬研究も始まった。罹患した組織や臓器にどのような薬が効果を示すかを調べるために，従来は実際の患者や検体を使って試験をしなければならなかった。しかし，特定の症状をもつ患者の細胞から作製したiPS細胞を利用することにより機能不全のモデル組織が得られ，薬の効果を調べることも可能となっている。

大きな期待と実績を挙げつつあるiPS細胞であるが，問題が全くないわけではない。iPS細胞を用いる前に解決しなければならない問題の一つに，iPS細胞から誘導され分化した細胞の中にがん細胞が生じるという深刻な問題がある。その原因は，iPS細胞の作り方そのものにあると考えられる。皮膚の細胞に限らず，どのような体細胞からでも作り出せるiPS細胞だが，「山中4因子

(カクテル))と呼ばれる4種の遺伝子を体細胞に導入する手段としてレトロウイルスが使われる。この方法は，レトロウイルスが遺伝子導入される際，挿入される場所によっては元々そこに存在する遺伝子を破壊する可能性がある。そのため，変異が生じて発がん性遺伝子の活性化を引き起こす危険性が指摘されている。また挿入される4つの遺伝子の中に発がん性関連遺伝子の*c-Myc*(シーミック)を使用していることも問題である。そのため，*c-Myc*を用いない別のiPS細胞の作り方が模索されている。また，遺伝子操作をすることなく，たとえば遺伝子ではなくタンパク質を使い，細胞の初期化を引き起こす新たな方法の開発も始まっている。いずれにしてもiPS細胞のがん化のリスクを克服し，正常な臓器再生に使用できる手法の開発・改善が望まれる。

iPS細胞による臨床応用

2014年9月，理化学研究所の高橋政代プロジェクトリーダーと同医療センターにより世界初のiPS細胞による再生医療の臨床治療が行われた。この臨床治療は「加齢黄斑変性症」という目の網膜の黄斑とよばれる部位が変形し視野の一部が歪み，視野が狭くなり，視野が暗くまたは黒く視界が失われる病である。網膜をレーザー治療等で治療してももとの状態へ回復する見込みはなく，治療法がないといわれてきた。そこで新たな治療法として，まず，患者の細胞からiPS細胞を作り出し，そこから目の網膜細胞を誘導する。培養された網膜細胞をシート状に培養し，これを黄斑部の患部に移植するというものである。最初の患者は70歳代の患者であった。iPS細胞による臨床試験は順調とされ患者は視野が明るくなったとのコメントが出され，2015年10月には，この患者にがんが生じた疑いはないと報道された。パーキンソン症(筋肉のこわばり，姿勢が不安定，表情が乏しい等の症状)患者への治療も考えられている。

しかし，前にも述べたように，iPS細胞から誘導して作り出した細胞ががん細胞へと変化するリスクを解消する方法は確立されておらず，危険性はまだ残されたままである。iPS細胞を作成する際にがん細胞を生じる危険性を限りなく減少させることが当面の課題と考えられている。その第一歩として，2015年10月，iPS細胞の委嘱医療に安全性基準を設けることを厚生労働省が決めている(溝口元・河合忍『自然科学のとびら－生命・宇宙・生活』アイ・ケイコーポレーション，2015年)。

［3］ 遺伝病の諸相と遺伝子治療

（1） 多用な遺伝病とその対応

色覚異常と血友病

疾病の発現に遺伝的要因が関係するものを「遺伝病（Hereditary Disease）」とよんでいる。この遺伝病には大きく

1 特定の遺伝子の欠損や突然変異によるもの

2 染色体の数の変異や構造の異常によるもの

3 遺伝性はみられるが原因の特定が困難で，広義の環境要因も関与していると考えられるものに分けられる。狭義の遺伝病は1の場合が該当する。

遺伝子自体に原因が求められる遺伝病の典型的な症例として「色覚異常」や「血友病」が挙げられる。色覚異常は，色調のある部分の識別力に異常が生じている場合である。これは，色調を感じることができず，白黒で外界を知覚する「全色覚異常」と，ある系統の色調を感じることができない「部分色覚異常」に分けられる。さらに，この部分色覚異常に「赤緑異常」と「黄青異常」がある。色覚異常の中でもっとも出現頻度の高いものが赤緑異常である。眼の網膜上にある錘体とよばれる部位に含まれる色を感じる視物質に異常が生じた結果と考えられている。

ところで，この赤緑異常は男性と女性で出現頻度が異なっている。男性の場合は約20人に一人，女性は約400人に一人程度である。このことは，この色

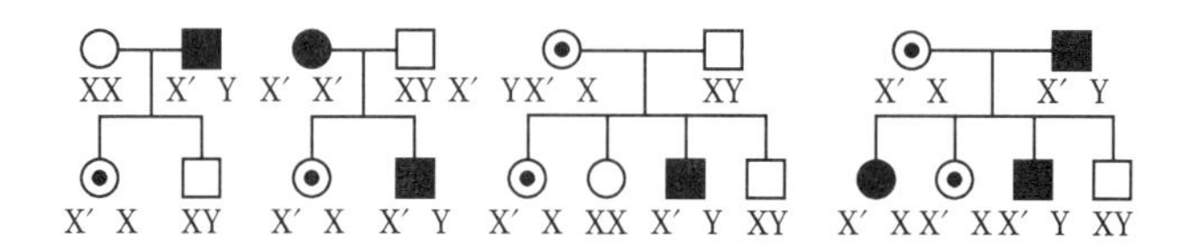

X，Yは性染色体X′は色覚異常遺伝子をもつもの

○ 正常の女 ● 色覚異常の女

⊙ 色覚異常遺伝子を1つもつ女（潜在色覚異常）

□ 正常の男 ■ 色覚異常の男

図7 ヒトの色覚異常の遺伝

（溝口元，松原洋子，新妻昭夫『生物の科学』関東出版，1991）

覚異常を引き起こす遺伝子が性別に関係した性染色体上に存在することを意味する。具体的には，上記の視物質に関する遺伝子がX染色体上に存在している。このように，性別と関連した遺伝の仕方を「伴性遺伝」という。男性の場合は1本のX染色体上に色覚異常を引き起こす遺伝子が存在すると，色覚異常を発現するが，女性の場合は2本のX染色体の両方に色覚異常を引き起こす遺伝子が存在しないと発現しない。そのため，男女で発現率が異なるのである。また，女性の場合1本のX性染色体上に色覚異常を引き起こす遺伝子が存在した場合は，色覚異常は発現せず保因者となる。これを「潜在色覚異常」とよんでいる(図7)。

色覚異常の症例は，多様で人によって異なるのであるが，1980年代半ばまでは進学に不利な制限を受けていた。とくに，理科系の学部，学科への進学で受験自体を制限される場合があった。国立大学の約半数が制限していたのである。しかし，色覚は人間の能力の極めて小さな一部に過ぎないものである。そこで，日本眼科医会などの要請で1987年から高等学校では工業高校を含めて受験制限が撤廃され，大学でもほとんど制限がみられなくなった。

しかし，就職では依然，不利益を被る場合があり，1990年代に入っても消防官，警察官，民間企業でも色配線を扱う電気企業，陶器，フィルムメーカーなどで就業には色覚が正常であることを求めていた(1990年9月28日朝日新聞)。90年代末でもバスの運転手や航空機の操縦士の募集などで正常な色覚を要求している。こうしたことが一因で，色覚異常が生まれてくる可能性が高い場合，前述の男女の産み分けの方法を使ってつぎに述べる血友病とともに男児の出産を避け，女児を産み分けようとするのである。

一方，外傷や外科手術などで出血が生じた場合，血液を凝固する因子の機能が遺伝的に不調で止血が難しく，子どもでは大量出血を伴う場合がある疾患を「血友病」とよんでいる。

血液凝固因子に関する遺伝子がX染色体上に存在する典型的な伴性遺伝の事例である。歴史的にはヨーロッパの貴族の間でしばしばみられ，メンデルの遺伝の法則(1865年)発見以前から遺伝の形式が知られていた。いくつかの型が知られているが，いずれも男性約1万人に一人以下の発現率であり，女性では極めてまれである。この疾病で成人まで成長するのは約3分の1といわれている。

血友病は血液凝固因子の機能に不調があるため，治療としては体外からこの因子を含む血液製剤を使用する。血液製剤を調製する際，供血者が「後天性免疫不全症候群（エイズ）」患者あるいは，この疾病の原因である「ヒト免疫不全ウイルス（HIV）」感染者であると血液製剤にHIVが混入する可能性がある。実際，1990年代半ばの日本のHIV感染者，エイズ患者の約70%が血友病患者でHIVが含まれた血液製剤を使用したことがその原因であった。そのため，HIVに汚染された血液製剤を血友病患者に使い約2000人のHIV感染者が生じたとして，製薬会社や厚生省を被告とし，1989年5月大阪で，同年10月には東京で「薬害エイズ裁判（血友病HIV感染被害救済訴訟）」が起った。

なお，赤緑色覚異常，血友病と同様な伴性劣性遺伝の形式は，ある種の無筋力症（ディシャンヌ型筋ジストロフィー）などでも知られている。

染色体異常

主として染色体の本数の異常による疾患には，常染色体によるものと性染色体によるものが知られている。常染色体異常でよく知られているものに，1866年英国の医師ダウン（John Longdon Down, 1828-1896）が命名した「ダウン症（候群）（Down's syndrome）」がある。知的障害がみられることや脳下垂体異常による内分泌異常，つりあがった眼，平たい鼻などの特徴が挙げられる。また，比較的寿命が短く25年間以上の生存はこの症例の約1割であったという

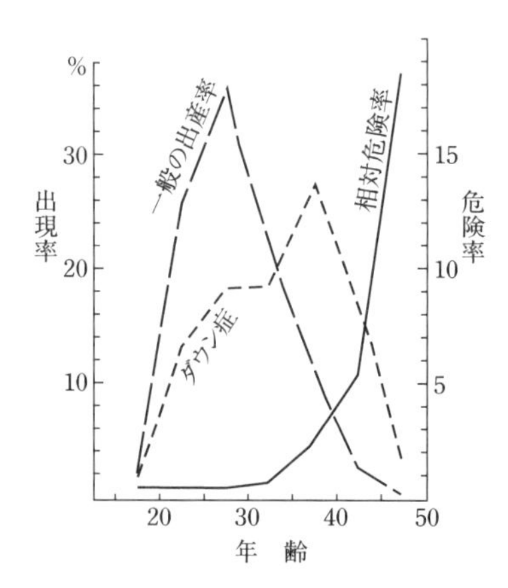

図8　ダウン症の出現率と母親の年齢
（石井圭一，武田文和，堀上英紀『グラフィック生物学』，関東出版，1983年）

調査結果もある。しかし，実際には個人差がかなりあり，自立生活が可能な場合が少なくない。

このダウン症は新生児の段階で0.1～0.15%ほど出現し，30歳代後半以降のいわゆる高年齢出産に多くみられる。20歳代では，2,100回の出産に1回程度であるが，30歳代後半では，約400回に1回，40歳代前半は約60回に1回程度出現するという調査結果がある(図8)。

このダウン症の原因は長らく不明であったが，培養細胞を用いた染色体研究が進んだ1950年代後半より解明されるようになってきた。1959年に大きい方から21番めの染色体(第21染色体)が通常よりも1本多い3本であることによると原因が突き止められた。このように同形の染色体が3本みられる場合を「トリソミー(trisomy)」とよんでいる。ダウン症の大半がこのトリソミーである。この他にも他の染色体の一部が第21染色体の一部へ移る場合(転座)や染色体数が46本と47本のモザイクなども知られている。いずれも第21染色体が過剰になっている。親の卵子あるいは精子が形成される際に，第21染色体が正常に分離しないままの状態(染色体不分離)になっていたためと考えられている。

ダウン症の原因が解明された後，1960年代に入り染色体がトリソミーになっている遺伝性疾患が続々見出されるようになった。第13染色体がトリソミーである症例は「パタウ症(候群)(Patau's syndrome)」とよばれる。新生児1万人に一人以下の出現率である。生後，早期に死亡する場合が多く，眼球や耳の異常，口蓋破裂，先天性心臓疾患などの症状が知られている。第18染色体がトリソミーの「エドワード・スミス症(候群)(Edward - Smith's syndrome)」は，平均生存期間が極めて短くこの症例の約3分の2は，生後10～15週で死亡している。他には指の曲がり，耳の形の異常，神経系の異常などが見られる。パタウ症と同程度の出現率である。第5染色体の小さい部分(短腕)が欠損していることが原因とされる「ネコ鳴き症(Cat - cry syndrome)」は，ネコの鳴き声と同様な声を出し，大半に知的障害がみられ，小頭症や耳が下についている場合がある。これらが代表的な常染色体異常の事例である。

性染色体異常には次のような症例が知られている。外見的には女性であるが生殖器や体の発育が不全で，肘が外側に湾曲している症状がみられるのが「ターナー症(候群)(Turner's syndrome)」である。女児出生1万人に一人ほど出現するといわれる。女性の性染色体は通常XXの組合わせであるが，この場合はXのみ(XOと表記する)である。「ターナー症(候群)」とは反対にX染色体が通常より多いXXX(Triple - X female)の場合がある。女児出産千人に一人程度の出現率である。自然流産や死産を経験し知的障害がある女性から見出された。XXXX, XXXXXの組合わせも知られ,「多X症」「多X異常」などとよばれている(佐藤重平『遺伝—細胞から分子へ—』裳華房, 1978年)。

一方, 男性側の性染色体異常には性染色体がXXYの組合せの「クラインフェルター症(候群)(Klinefelter's syndrome)」がある。男性の性染色体の組合わせXYと女性の性染色体の組合せXXを併わせもつものである。新生児千人に一人程度の出現率である。性別は男性であるが無精子症あるいは生産される精子の数が少なく, 精巣の重要な小管である精細管の萎縮や乳房の肥大がみられる。知的障害を伴っている場合や外性器が体内に埋もれている例も報告されている。

しばしば, 大きなスポーツの大会で大記録を出した女性選手に性別検査を行って見出されることがあり, 社会的な関心をよんだ。実際にクラインフェルター症(候群)の人で出生時より女性として人生を歩み, 性自認も女性という場合が少なくない。男女両方の性徴がみられる両性具有として言及されることがあるが, 生物学的性別に囚われるのではなく当人の性自認を最大限に配慮・優先すべきであろう。

また, 性染色体異常で社会的関心を強く引いたものに「XYY男性(YY male)」がある。男性に特有なY染色体が1本多いため「超男性」ともいわれる。新生児千人に一人程度の出現率である。1960年代半ばにスコットランドで拘禁を必要とする施設に収容されていた男性で, 攻撃的, 暴力的傾向があり知的発達がやや遅れている人にXYY男性が多いという調査結果が発表されたのである。この報告自体はY染色体の過剰により攻撃行動をとるのか, 知的障害がその原因なのか, あるいは両者の相互作用なのかは明らかでないが, 染色体異常と攻撃行動との関連を解明していきたいと述べており, 必ずしも断定的なものではなかった。

しかし, この報告を機に同様な研究が続々と発表され, しだいにXYY男性のイメージが定着するようになってきた。すなわち, 背が高くて手足は長く, やや知的障害があり粗暴, ケンカ好き, 衝撃的行動に走りやすく反社会的行動をとるというのである。そして, このXYY男性の存在を社会的に大いに広めた事件が米国で起った。シカゴで看護学校の学生8人を次々に殺害した犯人の染色体がXYYと発表されたのである。ジャーナリズムは，このことを大きく取り上げ医学者，生物学者ばかりでなく法律学者なども強い関心を示した。結局この犯人は後に通常のXYの染色体の組合わせと判明し，1968年に死刑の判決を受けている。この事件を契機に果たしてXYY男性が，本当に暴力的で反社会的行動をとるのかどうかをめぐってさまざまな場面で論争が起ったのである。

性同一性障害

男性の性染色体異常の一種であるクラインフェター症と社会的に非常に混同，誤解されているものに「性同一性障害(Gender Identity Disorder)」がある。疾病分類では，「精神障害の診断・統計マニュアル」の4版(DSM-Ⅳ)」(1994)に，次のように述べられている。性同一性とは「“私は男である”または“私は女である”という自覚であり」，性の役割は「性同一性の公的な表現」で「他者や自分自身に対して，自分が男であるか，女性であるかの度合を示すために，その人が話し，行動することのすべて」である。この性同一性症が重度になると「性転換症(Transsexualism)」となる。

この性同一性障害が社会的に話題になったのは，1995年5月埼玉医科大学倫理委員会に「性転換治療の臨床的研究」と題した研究申請が出されたことからであった。概要は，「性転換治療は本邦では全くタブー視されている問題である。これらの患者は肉体の性と，頭脳の中にあるそれとの相違に苦しみ，自殺にまで追いやられる場合もある。そして闇で行われる手術を受けたり，海外での治療を求めるなど，暗黒時代とも言える状況にある。諸外国，特に欧米諸国ではこの治療が合法化され，健康保険の対象さえなっている国もある。この治療を医学的に系統づけ，これらの患者の福祉に役立つことを目的に，女性－男性の性転換をおこなう」であった。

文中の性転換手術が性同一性障害をもつ「患者の福祉に役立つ」というわけであるが，これは性転換手術により生物学的性と心理社会的性との一致を図ることで「よりよく生きる(Human-well　being)」や「生活の質(Quality of life：QOL)」を向上させようということであろう。なお，同大では「性同一性障害とは中核的な性の自己認知の混乱と逆転した性の自己認知であり，強い性転換願望を持ち，それに基づいた性転換への要求が特徴」と捉えていた。

それでは，性同一性障害に対して外国ではどのような対応をしているのだろうか。米国のジョンズ・ホプキンズ・ジェンダー・クリニック・ガイドライン（Johns Hopkins Gender Clinic Guideline）が参考になる。これによれば，形成外科医を班長として精神科，形成外科，産婦人科，小児科，泌尿器科，医療心理学の専門家が月1回の会合と選択・治療・経過・観察の4段階を行うとしている。

第1段階では面接問診を行い，患者の家族関係，生活歴が調べられる。第2段階で内分泌，代謝，染色体検査ののち，ホルモン療法が試みられる。第3段階では外科医により，患者の外性器を希望する性に返還すべく一連の手術を行う。である。そして，手術後に患者が定期的に来院し，経過を観察されるのが最後の段階である。カリフォルニア州に所在する「ヘンリー・ベンジャミン国際性障害者協会（The Henry Benjamin International Gender Dysphoria Association）」の治療基準でも①治療の対象，②ホルモン療法，③手術的性転換治療，の3つにまとめることができる。

このように，精神的な性と肉体的な性との乖離に悩む人の個人の幸福の追求として，最新の医療技術を駆使した性転換手術を利用して治療するのである。問題は，性転換手術は女性から男性でも，男性から女性でも生来の生殖器を切除し不妊にする不妊手術でもあることから，不妊手術を生物学的性と心理・社会的性を一致させる代償として考えるのかどうかということであろう。生物学的性を反対の性に完全に転換して，生殖能力を得られるようにするのが理想的かもしれないが，それはまた生物学的に到底無理な話である。

同性愛，両性愛的性向がある方を含め，自由でしなやかな性の認識の下に，社会生活を送るために医療技術に何ができるのか，何をすべきなのか，すべきでないのかは，まさに生命倫理の中核的問題のひとつである（溝口元　性同一性障害と生命倫理「人間の福祉」3号，1998年）。

悪質遺伝

ヒトの遺伝の研究は家系調査や双生児を用いて行われることが多い。ある程度の遺伝性は認められるものの環境要因も大きく関係していると思われる症例がこの場合にあたる。

ある種のがんや精神性疾患，アルコール依存症などが個人レベルの研究ばかりでなく，家系などの集団調査や双生児を用いて精力的に行われている。

遺伝性の家系調査の端緒を開いたのが「悪質遺伝」の例として，しばしば取り上げられる「デューク一族」である。社会学者ダッグテール(Richard Louis Dugdale, 1841-1883)が『デューク家』と題して1877年に出版した。18世紀後半ニューヨーク州のある地に実在したマックス・ジューク(仮名)という怠惰で大酒飲みの開拓民を発端とした一族709人について調査した結果をまとめたものである。さらに1915年にはダッグテールの調査分以降のものをA・エスタブルック(A. Estabrook)が行い『1915年におけるデューク家』を著した。両者を合計すると，2,634人に及ぶ家系調査になる。この家系は次のようである。マックス・ジュークの2人の息子が素行の良くないとされた2人姉妹とそれぞれ結婚した。この2組の夫婦の子孫がデューク一族をなすもので，9世代の間に自立生活ができず広義の福祉施設で過ごしたもの546人，犯罪者311人，売春婦・娼婦327人，一族の約3分の1は若くして死亡した。また，この一族の大半は初等教育も満足に受けていなかったという。ニューヨーク州がこの一族に費やした金額は300万ドル以上に達したと見積もられ，悪質な遺伝質を巨費を投じてかえって保護してしまったという見解がある。ただし，この調査結果を疑問視する研究者も多い。

もう一つの家系は米国の知能測定運動の先駆者の1人であったゴッダード(Henry Herbent Gooddard, 1866-1957)が行ったもので1912年に『カリカック家・発達障害の遺伝の研究』を出版した。米国の南北戦争(1861〜1865年)時にマルチン・カリカックという名の青年士官がいた。彼は従軍中，ある居酒屋にいた知的障害がみられる娘との間に私生児をもうけた。さらに戦争後に名家でクェカー教徒の令嬢と結婚して子供が産まれた。すなわち，カリカックから知的障害の女性との間の子どもを発端とする系統とクェカー教徒の令嬢と間に生まれた子どもを発端とする二系統が生じたことになる。

前者の系統の480人を調べたところ，143人が明確な知的障害，33人が性行不良，24人がアルコール依存症，8人が売春婦，3人が犯罪者などで，正常な者は46人に過ぎなかったという。後者の系統469人では，2人の大酒飲みと1人の性行不良以外は，医師や法律家，学者，実業家，地主，軍人，善良な市民として活躍したと述べられている。デューク家の場合と同様に悪質遺伝の典型と捉えられてきたが，この事例も調査結果を疑問視する人が多い。

(2) 遺伝子治療

1990年代末の時点で遺伝病は8,000種類におよぶといわれ，世界中でなんらかの遺伝病を患っている人は2億人を超えていると推定されている。1970年代初頭に基本技術が確立した遺伝子操作において，文字通り遺伝子の段階から治療に関与するのが「遺伝子治療(Gene Therapy)」である。遺伝病は「不治の病」とされるのが大半で，この疾病に苦しみ，悩んでいる人々にできる限りの治療を施すことが望まれている。遺伝病は遺伝子が損傷などで正常に作用しないために，その遺伝子の産物にも欠損や異常が生じる。そのため，遺伝病の治療には本来の正常な遺伝子から生産される特定な物質や成分が欠けている場合は，食事にその物質や成分を補ったり(食事療法)，遺伝子を正常に働かせる酵素を補充する(酵素補充療法)などの方法が用いられているが，根本的な解決には至らないといわれている。

そこで登場したのが遺伝子を操作して遺伝子のレベルから治療を試みる遺伝子治療である。すなわち，理論上その遺伝病を発現させている遺伝子(あるいは遺伝子群)を確定し，それを正常な機能を果たす遺伝子に置き換えることであり，最も治療効果が期待されるものである。

遺伝病に対する遺伝子治療というと，人間の遺伝的改造にもつながりかねない生命操作がイメージされるかもしれない。しかし，遺伝病の大半は代々の家系を考えた文字通りの「遺伝病」というよりも，その患者個人の体内の代謝機構の不調により遺伝子および遺伝子産物が異常となる「代謝異常症」である。ただし，次代への遺伝は考えられる。

この種の先天的代謝異常症(欠損症)でよく知られているものに「フェニルケトン尿症」がある。原因の大筋が解明され，食事療法を使って初めて治療に成功した疾病である。常染色体性の劣性遺伝の形式をとる。健常者ではアミノ酸の一種であるフェニルアラニンがフェニルアラニン水酸化酵素の働きによりチロシンに転換されるが，この疾病の患者はこの酵素が作用しないか，作用しても不十分なためチロシンが形成されず尿中にフェニルアラニンあるいはその誘導体が放出されるのである。治療を放置すれば，知的障害や皮膚，毛髪の脱色が起る。早期に発見し，フェニルアラニンの含有量を抑えた食事療法，具体的にはフェニルアラニン制限ミルクが治療に用いられる。しかし，人間の発育や成長にはフェニルアラニンが不可欠であるし，ほとんどすべてのタンパク質には，このアミノ酸が含まれているため，根本的な治療にはならないのである。フェニルケトン尿症以外の先天性代謝異常症で食事療法が行われている代表例には，次のようなものがある。

表1　先天性異常症

病　　名	症　　例	原　　因
ガラクトース血症	黄疸，肝腫，腎尿細管の機能障害，知的障喜	ガラトースのグルコースへの転換不全
高チロシン血症	発育不良，肝硬変，腎障害(慢性型)	*P*-ヒドロキシフェニルピルビン酸オキシダーゼの欠損
乳糖不耐性症	慢性下痢，大腸炎，腸管アレルギー	乳糖分解酵素の活性低下
ホモシスティン尿症	知的障害，けいれん発作血栓症，水晶体脱臼	システイン合成に関する酵素の欠損

食事療法以外の治療法が試みられている先天性代謝異常症に「ファブリー病(び慢性体部被角血管腫)」がある。これは脂質の代謝異常で特定の細胞や組織に脂質が蓄積し，乳幼児期は無症状だが学齢期以降に皮膚に発疹ができたり，四肢に疼痛が起ることが知られている。体内で糖鎖のグリコシド結合を切断する酵素である*α*-D-ガラクトシダーゼが欠損しているために生じる。そこで，ファブリー病の患者に胎盤などから得たこの酵素を取り出し，精製して静脈注射をすると理論上血液中の脂質の量が減少する。こうした方法は，「酵素補充療法」とよばれている。先天性の代謝異常症は，大半がこのような酵素欠損症といわれ常染色体性劣性遺伝の形式をとる。ファブリー病は例外的に伴性劣性遺伝をする。しかし，この治療でも決定的な効果があるとはいえない。遺伝病の治療は，遺伝子レベルでの治療，すなわち遺伝子治療がもっとも効果的と考えられるのである。

実際に遺伝子治療が行われた例に，1980年米国のカリフォルニア大学ロサンゼルス校医学部のM・クライン(M. Cline)教授が遺伝性の貧血症の中でも，とくに重い「ベータ・サラセミア」の患者二人に対して行われたものがある。そして，社会的にも大きな関心をよんだ。

この疾病の患者の骨髄細胞を少量取り，健常な人の骨髄細胞の遺伝子をそれに組込み患者の骨髄に戻すという方法がとられた。骨髄細胞では細胞の増殖が盛んなため，それだけ新たに組み込んだ遺伝子が増えると考えられ，治療効果の期待が高まると思われたのである。

結局，当時のこの治療への反応として，時期早尚で基礎研究が不十分のまま実施してしまったと批判する声が強かった。しかし，その後も遺伝子治療の可能性を探る研究自体は続けられ，ある種の先天性代謝異常症への治療が試みられている。

その一つにレッシュ・ナイハン症候群（Lesch - Nyhan syndrome）がある。1964年に米国のジョンズ・ホプキンス大学のM・レッシュとW・ナイハンにより発見された尿酸の代謝に関係した酵素（ヒポキサンチングアニンホスホリボシルトランスフェラーゼ）の欠損により生じる疾病である。症状は，脳性マヒや知的障害がみられるほか，2歳ころから自傷行為を起こし，口唇や指の一部を自身で破壊的に噛切ってしまうという著しい特徴をもつ。また，血尿や結晶尿もみられることがある。新生児10万人に一人程度の発病率で，伴性劣性遺伝の形式をとるため，ほぼ患者全員が男子である。1980年代半ばから米国のカリフォルニア大学サンジェゴ校やバイロー医科大学で遺伝子治療が開始された。

遺伝子治療の試みでもう一つの代表格が「アデノシンデアミナーゼ欠損症（ADA欠損症）」である。1972年に英国で免疫不全の乳児から発見された疾病である。免疫反応において抗体を生産するB細胞（骨髄由来細胞）と細胞性免疫を担当するT細胞（胸腺由来細胞）の機能がともに低下しているので重度の免疫不全が症状としてみられる。出現率は極めて低いが，常染色体性劣性遺伝の形式をとる。この症例に対する遺伝子治療はハーバード大学とマサチューセッツ工科大学で試みられた。方法は，ともに患者の骨髄に欠損している酵素を作り出す遺伝子を組込み，もとの位置に戻すという方法である。基本原理はクラインの場合と同様だが，組込んだ遺伝子を体内で発現させる方法の確立など遺伝子レベルでの基礎研究の成果を踏まえたものであった。

米国では1990年代に入るとADA欠損症の治療からがんやエイズが遺伝子治療の主流になり，1996年3月までに臨床例が1000件を超えた。日本では1995年8月に北海道大学医学部付属病院においてADA欠損症の5歳の男児に対して治療が開始され，1年後には，外でほかの子供と遊べるようになったという。また1998年7月には東京大学医科学研究所で日本初のがんへの遺伝子治療が承認され，肝臓がん患者にそれが試みられた。翌年3月には，岡山大学医学部付属病院で肝がんに対する遺伝子治療が行われている。さらに，2014年には慢性肉芽腫症(遺伝性の免疫不全症で乳幼児期からみる種の感染症をくり返し，諸々の臓器に肉芽腫が形成される)に対する遺伝子治療が国立成育医療センターで行われ(世界で2番め)良好な成績であったと報告された。

遺伝病を治療すること自体，絶滅すべき遺伝子を保持することになり逆淘汰につながるという意見や遺伝病患者に対する医療扶助費は財政面からみて無駄ではないかという考えがある。どちらも生命科学の知識を表面的にかつ不正確に理解していた上での見解と思われる。

［4］ 出生前診断と胎児障害

（1） 出生前診断

日本では1990年代に入り急速に一世帯当たりの子供の数が減少しており，2014年は1.4人であったが，2003年には1.3人を割っていた。また，男女とも結婚の高齢化や独身も増えている。この少子化は，「少なく産んで大事に育てる」という考え方があると推測されている。丈夫でいわゆる「五体満足」な子を産むためには，あらかじめ胎児の様子を知っておくことが必要と思っても不思議ではないだろう。また，それを望む夫婦が存在するのであれば，それに応えるのが医学・医療の仕事であるという論理もあろう。そこで登場するのが「出生前診断」である。

この「出生前診断」は，妊婦検査の一つと捉えられ，妊婦から胎児の「画像診断」による外部形態の異常の検出や胎児に由来する組織や細胞，特定の物質を取り出し，それを基に異常な染色体や遺伝子，遺伝子産物を検出する。他にも「羊水検査」，「絨毛検査」，「母体血清マーカー検査」などとよばれているものがある。

妊婦に対する「画像診断」からは，たとえば，胎児のヘルニアが検出され，「羊水検査」では羊膜内の羊水に含まれる胎児の細胞を，「絨毛検査」では胎盤などの器官から絨毛という組織を得て，染色体や遺伝子の異常の検出を試みる。

そして，1995年ころから急速に普及し始めたのが「母体血清マーカー検査」の一種である「トリプルマーカー検査」である。これは妊婦の血液を試料とし，生化学的手法でアルファフェトプロテインなど三種のタンパク質を指標（マーカー）とし，胎児のダウン症候群や神経管形成異常などの疾患が生じる確率を妊婦の年齢や体重も考慮して推定する。妊娠15週から検出可能という。「羊水検査」や「絨毛検査」に比べてはるかに簡便なため，急速に普及している（恩田威一，田中忠夫 Triple marker 周産期医学 26巻増刊号，1996年，鈴森 薫 母体血清診断（AFP,E3,hCGなど）周産期医学 28巻8号，1998年）。1993年には4,113件であった出生前診断が，2012年には1年間で約2万件にのぼった（2013年6月22日「日本経済新聞」）。

出生前診断に対する社会の反応

新聞記事においても，1997年末から出生前診断の報道や特集がみられた。「出生前検診　命を選びますか　上」（1997年十2月十4日「朝日新聞」）では“おなかに障害児？　あなたなら”，“「判定次第で産まない」苦悩”と見出しをつけ，「おなかの中の赤ちゃんが障害児だとわかったら，あなたは産みますか—そんな選択を突き付けられる時代が近づいている。」という文から始めている。そして，結婚後8年，36歳で初めて妊娠した女性の例である。友人から「トリプルマーカー検査」を知り医師に希望して検査を受けたところ「ダウン症の確率が高いようです。羊水検査を受けますか？」といわれた。「トリプルマーカー検査」を受けた動機は，「安心のため」だった。しかし，期待通りの結果が得られず夫に相談したところ「産んで本当に幸せになれるか，わからない。産んで欲しくない」といわれたという。「出生前診断」の問題を考える典型的な事例と思われる。この夫婦は結局，羊水検査を受け，3週間後の結果発表の日に夫と病院に行き「異常なし」と聞いて，医師の前で泣き，ただ安心した。この夫婦の場合，検査によって「かえって心構えができた」「あの苦しい時期を経たから，自分が命をかけて育てられると思った」という。

「出生前検診　命を選びますか　中」（1997年12月17日「朝日新聞」）では，妊婦に周知せずに「トリプルマーカー検査」を行っている病院の例と，希望者のみ実施している病院の場合を扱っている。前者は，妊娠4か月の妊婦に詳しい説明をせず「今日は先天異常をみる検査をしますから，採血室によって下さい」といわれた妊婦がいわれるままに採血に応じた例である。この病院では妊娠3カ月ころに妊婦に検査のことが記載してある説明書を渡していた。病院側は「パンフレットをちゃんと読めば，検査の意味がわかると思う。無理じいはしませんが，検査を拒否する人はほとんどいません」という。

後者の病院では，先天異常児を産んだ親から「（なぜ妊娠中に異常を見つけてくれなかったのか）と責められた経験が何度もある」という。こうした親の多くは医師を「恨みながら退院するのです」というから事態は深刻である。妊婦の本音あるいは素朴な感情として障害児を産みたくないということが窺われるし，医師の「見つけてあげられればよかったのかなと思ってしまう」も素直な気持ちであろう。むしろ，問題はここから始まるのである。

さらに，この記事は出生前診断を受けた妊婦へのアンケート調査の結果を示している。これによれば「トリプルマーカー検査前の妊婦の気持ち」は“結果のことを考えていない”が約半数(49%)，“異常があれば羊水検査を受けたい”が43%と，とくに深く考えずに検査を受けるか，結果によってはさらに詳しく胎児の状態を知りたいが，ほぼ二分されている。また，結果が得られるまでに70%がとても不安ないし少し不安だった。そして，検査を受けた感想として71%がよかったとし，よくなかったは6%に留まっている。

「出生前検診　命を選びますか　下」(1997年12月19日「朝日新聞」)では，40歳代の流産を繰り返した経験がある妊婦で「羊水検査」の結果，「典型的な染色体異常です」「100%，ダウン症の子どもが生まれます」といわれた事例である。「妻の落胆の様子は，まさに天国から地獄でした」と夫が語っている。夫は中絶を考えるが妻の出産の意志に従って出産した。この事例の最後に「何もしらないでダウン症の子どもが生まれていたら，きっと必死で育てていたと思う。」「でもね，100%といわれて，産む人は少数派だと思う」と語っている。

この連載は，反響が大きく上記の記事の一週間後に記事に対する投書を「出生前検診　命を選びますか　投書から」と題して掲載した。「障害イコール不幸」と思っていた女性がダウン症児を出産した例で，この子どもは小学校に通い健常児と変わらない生活を送っているという。大変だと感じるのは「障害児を特別視する世間の風潮や社会の機構に対するときだけ」という。「障害児が生まれてはいけないのですか。医学的技術の進歩が，その社会的影響力も認識されないまま安易に導入され，その結果として弱者を受けとめていこうとする姿勢がなくなっていく社会を危惧します」と訴えている。ここには，出生前診断の妥当性ばかりでなく障害をもつ子の親の実に率直な気持ちが記され，こうした理解がどこまで社会的に浸透するかが今後の課題と感じられる。

その一方で，この記事には染色体異常がある女性が自身と同じ異常をもつ子どもが産まれた場合「一生懸命育ててくれた母と同じようにしっかり育てたいと思う気持ち」と子どものころいじめに会い，人間不信に陥った体験から「自分のようにみじめな思いはさせたくないという気持ち」が交錯すると語っている例をあげている。さらに，障害児を育てる自信がないとして中絶した事例も記されている。このような考えの人のためにこそ支援のネットワークが機能する。逆にネットワークの存在を頼りに「どんな障害があっても前向きに育てていく自信がある」と語る長男を心臓奇形で1歳9か月で失った女性のことばもみられた。

医療の論理と障害者団体の主張

出生前診断では医学・医療の論理と障害者団体の主張に対立がみられる。「京都ダウン症児を育てる親の会」では，1996年6月に障害児を育てている全国の家族にアンケート調査をし結果を集計したところ，ダウン症児をもつ141家族のうち，8割が産んでよかったと回答したという。すなわち，「子供のおかげで何事にも頑張れる」「子供が育つにつれ，自分ほど不幸な人間はいないと思い詰めたのがおかしいくらい」などの意見がみられた(1997年5月27日「朝日新聞」)。また，同会の会員も専門家から「重度の知恵遅れ」と判定されている15歳の息子が歌番組に興味をもち，流行歌を上手に歌い新しい情報にも敏感な青春の真っただ中にいると述べている。そして「大半の医者は障害をもつ子どもたちがどんな生活を送っているか知らず，社会は障害者＝不幸という図式を勝手に組み立てています」「検査のもつ意味が十分，理解されているとは思えないまま，出生前診断が一般社会に普及，その結果，障害をもっている胎児が中絶されている事実に，私は深い悲しみと怒りを持っています」と記していた(1998年4月4日「朝日新聞」)。

「日本ダウン症協会」のある理事の次男はダウン症だがレストランで働いており，帰宅すると仕事でほめられたことなどを話しながら家族で食事をするという。そして，「みなさん，ダウン症についてあまり知らないようですが，出生前検診を受ける人は，あなたの身近にもダウン症の人が元気に暮らしていることを考えてほしい」と述べている(1997年12月19日「朝日新聞」)。

「日本ダウン症協会」会長は，出生前診断の信頼性自体を問題にしている。「母体血清マーカーテストは確率的な技術であり，その意味では不完全な技術である」。したがって，出生前診断は精度を高めれば済むという問題ではない。こうした「診断という行為が構造的に持っている不完全さというふうに考えております」と述べている。

なお，先天性障害児の出産や育児については，心理学から興味深い研究がなされている。障害児をもつことで親の性格に変容が生じるというものである。すなわち，「自分の子どもが障害児であるとわかったとき，親は大きなショックを受ける。このことは，夫婦にとって，大きな精神的危機を体験することである。」しかし，やがて「障害をもつわが子をありのままに受容できるようになる」のだが，その際，「自己中心的で狭く，内向的で消極的，短気で感情的，神経質だった自分」から，「共感的で感謝の心を持てるようになり，外向的で積極的，多面的な物の見方や価値観を持て，忍耐と寛容を身につけられた自分」に大きく変化したという(鈴木乙史　親の障害受容と性格の変化　現代のエスプリ　372号，1998年)。

1990年代後半から日本産科婦人科学会で検討しているのは，上述のような出生前診断よりも人工体外受精を行った受精卵の割球を診断に用いる「着床前診断」である(青野敏博　平成9年度　診療・研究に関する倫理委員会報告(着床前診断に関する経過報告と答申　日本産科婦人科学会雑誌　50巻5号，1998年)。

着床前診断の基本的態度は，親が医学・生物学上重篤な遺伝病の患者の場合，配偶子に含まれる遺伝子のレベルで異常が保持されている可能性が考えられることから，遺伝病の患者の夫婦であらかじめ精子と卵子を採取し，人工的に受精させた受精卵から異常を検出しようとするものである。具体的には，人工受精卵を培養液中で培養し卵子が4細胞(第2卵割)ないし，8細胞(第3卵割)に達した段階で，こうした割球細胞の一つを取りだし，これに含まれる遺伝子を調べて遺伝病の有無を推定しようとするものである。

日本で着床前診断が問題化したのは，1993年に鹿児島大学医学部のグループが，「デュシャンヌ型筋ジストロフィー」とよばれる遺伝病の一種をもつ親が出産する場合，人工体外受精をして得た受精卵で遺伝子診断をし，遺伝的に表現型として発現しにくい女子と判明した場合のみ，この受精卵を子宮に戻すことの可否を学内の倫理委員会に申請したことから始まる。同大の学内の倫理委員会では，1995年3月にこの遺伝子診断を承認する方向でまとまったが，障害者団体などから「障害者差別につながる」との抗議を受けたため(1998年4月16日「朝日新聞」)，同年7月に日本産科婦人科学会に検討を依頼し，学会レベルでの判断を待った(青野敏博，苛原稔，東敬次郎　出生前診断の倫理―産科医の立場から　周産期医学　28巻8号，1998年)。そこで日本産科婦人科学会の倫理委員会で検討し，1997年2月に「重い遺伝病に限り」『「臨床研究」として認める』見解を提出したものであった(1997年2月11日「朝日新聞」)。

このデュシャンヌ型筋ジストロフィーとは，病状の進行が早く症状が重い無筋力症で，上述のある種の色覚異常や血友病と同様な伴性劣性遺伝の形式をとる。しかし，生命予後が非常に悪いとされているものの，症状は個人差が大きく現れ，果たして生命予後が悪いと言い切れるのかという疑問が学会内からも指摘されている。

その後，同学会の「診断と研究に関する倫理委員会」では障害者団体との意見交換や公開討論会を開催した。1997年3月に改正案を提示して，同年6月に「実施を条件付きで認める指針案」を示し，最終的に指針を「会告」として学会員に示すことが報じられた(1997年6月13日「朝日新聞」)。そして，その具体的内容が「着床前診断に関する見解」として公表された。見解を1)と2)に分け，1)は，「受精卵(胚)の着床前診断(以下本法)に対し，ヒトの体外受精・胚移植技術の適用を認め，遵守すべき条件を2)に定める」と述べている。2)では，以下の6つに分けている。その概要は，

① 着床前診断を臨床研究として行ない，認可性とする。

② 実施者が遺伝性疾患と出生前診断に通じ，審査の上許可される。

③ 出生前診断の実績と技術的裏付が必要である。

④ 重篤の場合に限り，男女の産み分けには用いない。

⑤ 外部からのアドバイスを受け，定期的な報告をする義務を負う。

⑥ インフォームド・コンセントを実施し，カウンセリングを行ない，プライバシーを厳守する。

上述の1997年2月の日本産科婦人科学会の受精卵遺伝子診断(着床前診断)の容認については，日本脳性マヒ者協会「全国青い芝の会」会長が「研究という名の下で，障害者をぼく滅しようとするものだ。生命の選別に拍車をかける行為は許せない」とコメントしていた(1997年2月11日「朝日新聞」)。

1999年1月末に鹿児島大学医学部倫理委員会は，同大産婦人科から臨床研究の実施が申請されていたデュシャンヌ型筋ジストロフィーの着床前診断を，医師二人とともに遺伝学に通じた医師をカウンセラーとして加え，インフォームド・コンセント(p.109)を充実することを条件に承認した。

(2) 胎児障害

妊娠中に放射線やある種の薬物，ウイルスなどの感染を受けると胎児に異常が生じる場合が知られている。胎児に異常を引き起こすものを「催奇性因子」あるいは「催奇性物質」とよんでいる。大きく物理的要因，化学的要因，生物

的要因に分けることができる。

物理的要因に放射線の影響がある。1945年8月6日の広島，8月9日の長崎に投下された原子爆弾の放射性物質を浴びてしまった妊婦から産まれた子どもや1986年4月26日当時のソ連のチェルノブイリ原子力発電所の事故で放出された放射性物質による事例が知られている。小頭症，水頭症，知的障害，小児がん，甲状腺機能低下症などが知られている。

化学的要因には，抗がん剤，風邪薬，ホルモン剤，催眠剤などの薬物や1960年代の公害問題で原因に挙げられた重金属などの有害物質が知られている。これらの内，1950年代末から60年代初めにかけて社会的にも大きな関心をよんだものが催眠薬サリドマイドによるサリドマイド・ベビーであった。日本では1962年5月ころから，ドイツで開発された催眠薬を妊娠初期に服用していた女性からアザラシ状の上肢が欠損した子どもが産まれた事件として報道された。副作用がないといわれていたため，つわりに悩む妊婦も服用していたのであった。日本では，合計で約1,200人の「サリドマイド・ベビー」が誕生した(生存者は約300人といわれる)。

また，有機水銀による脳性マヒ様の神経障害，胎児性水俣病，鉛による神経障害，PCBによる死産，低体重児，色素の沈着。さらに，最近では，女性の飲酒や喫煙からも胎児障害の例が報告されている。妊娠中にも飲酒の習慣が続いた女性からは「胎児性アルコール症候群」とよばれる新生児が生まれてくることがある。欧米では1970年代前後から注目されるようになった新生児の疾患である。症例としては，出産時の体重が軽い，発育不全，知的障害などが見られる。ほかに頭が小さい，口や顎の不全，関節や手足の変形などが報告されている。出現率は飲酒習慣がある女性の0.1%程度である。

妊娠中も喫煙習慣が続いた女性から産まれた子供にも先天障害がみられることが報告されている。1988年に神奈川県の医療機関が妊婦約66,000人について調査したところ，約11%が喫煙者で，先天異常がある新生児が約690人見出された。なかでも，指の本数が通常よりも多い「多指症」の子供の内，約28%の母親が喫煙者であったという。また2016年1月，環境省は2011年に生まれた9,369人の新生児とその親のデータを分析した結果を発表した。それによれば非喫煙者の母から生まれた男児の平均出生体重は男児で3,096グラム，女児で3,018グラムであった。これに対し喫煙者の母から生まれた場合は男児

2,960グラム，女児は2,894グラムであったという。さらに妊娠初期に禁煙を開始しても新生児の出生体重は，妊娠前からの禁煙よりも少なかったとしている。

生物的要因には風疹ウイルスやインフルエンザウイルス，梅毒トリポネーマなどの病原性微生物が知られている。最近ではエイズの母子感染も問題になっている。

催奇性因子あるいは催奇性物質に対する胎児の感受性は胎児の発育段階で異なる。受精後2週間(前胎芽期)では妊娠自体が成立しない場合がある。受精後3週から7週の胎芽期は催奇性因子に対する感受性が高く，器官形成の不全から形態的にも重度の異常が生じる場合がある。受精後8週以降(胎児期)では，形態異常よりも機能に障害がみられる場合が多いといわれる。

tea break 新型出生前診断

2013年4月，我が国でも米国に比べて約2年遅れて「新型出生前診断」が日本医学会が認定した機関・施設で可能になり，マスディアでもこの言葉がしばしば取り上げられるようになった。この正式名称は一般に「無侵襲的出生前遺伝学的検査：non-invasive prenatal genetic testing; NIPT)」であり，妊婦の血液中に遊離している胎児由来のDNA断片を解析し，胎児の染色体異常のリスクが推定できるとするものである。従来の母体血清マーカー検査よりも高精度で胎児のダウン症やパタウ症，エドワード・スミス症など染色体異常があるかどうかを予測できるというものである。それ以外にも胎児の性別や妊娠高血圧症候群の発症なども推定できる。ただし，染色体異常を出生前に確定するには羊水検査や絨毛検査が必要である。

［5］ 優生学と人工妊娠中絶

（1） 優生学の成立と展開

優生学

優生学(Eugenics)とは，英国のF・ゴルトン(Francis Galton 1822-1911年)が1883年に著わした『人間の能力およびその発達の研究』の中で初めて提唱した言葉である。彼は，『種の起源』（1859年)や『人間の由来』（1871年)で提示した生物進化論で知られる同国のC・ダーウィン(Charles Darwin 1809-1882年)の従弟にあたる。ゴルトンの主著『遺伝的天才』（1869年)は，政治家，著述家，詩人，音楽家，画家，宗教家などの家系を調べ，才能が遺伝するという結論をまとめたものである。

遺伝学の知識を人間に応用して，優れた子孫を残していこうと目論んだ「優生学」は，民族の向上を図ろうとする実践的な狙いをもつとともに，19世紀末から20世紀初頭の欧米では新たな道徳律としても考えられたものであった。

この学問は欧米，なかでも米国で『種の起源』の出版以降に産まれた若い生物学者たちに魅力ある分野と考えられ，彼らによって米国における優生運動が展開されるようになった。その代表の一人がシカゴ大学教授で遺伝学者のC・ダヴェンポート(Charles B.Davenport 1866-1944年)であった。

彼は，1910年にコールドスプリングハーバー・カーネギー研究所の初代優生学部長に就任し，翌年『優生学と関連した遺伝学』を出版した。序文に「遺伝に関してわれわれが持つ知識の最近の大いなる進歩は，家畜や育種作物において国内の農場経営者たちに大きな変革を及ぼした。この新知識が人間社会の諸問題―反社会的階級，移民，人口，健康―に広範な影響をあたえることは容易に理解されよう」と述べている。遺伝学の知見を人間に利用すれば，解決に手間取る社会問題に見通しがつくという考えが強く打ち出されている。

このように社会に有用な人間を残す，あるいは改善していこうとする意図をもつ優生政策ではあったが，積極的に優秀と見込まれる子孫を残すこと(積極的優生学)は実際上困難であり，実質的には断種という形で犯罪者や知的障害者，アルコール依存症患者，先天性の遺伝病をもつ者などが産まれてこないようにする(消極的優生学)方向に進んでいった。

強制的な断種を法律として制定した国はかなり知られているが，制定の時期は米国が最も早かった。強姦を犯した者や重度の知的障害者などを対象として1907年にインディアナ州で制定されたものが最初と考えられている。実際の方法は，かなり古くから中国の官宦や中近東のいくつかの国でみられたような生殖器を切除する去勢ではなく，男性の場合は精子の通路である輸精管の結さつ，女性の場合は卵の通路である輸卵管結さつであった。これは比較的容易に手術ができ，性交が可能なため被術者の人権が守られると考えられた上，確実に優生政策が推進できると思われたのであった。

米国ではインディアナ州に次いで数州で同様な法律が制定された。実際に不妊手術が実施された人数はカリフォルニア州が一番多く，1927年末までに男性2,323人，女性2,588人に対して行われたという記録が残っている。カリフォルニア州といえば，1848年の金鉱発見のニュース以来，こぞって外国人移民が進出した地域であり，劣悪な労働条件の下で酷使されたため労働争議が頻繁に起こり犯罪の発生も多かった地域である。移民労働者の皮膚の色や言語，習慣などの外見上の違いは人種的感情や偏見を生む要因であり，為政者にとっては政治的意図に利用しやすい素材のひとつである。

1936年までに全米で断種手術を受けた人数は，男性8,644人，女性11,419人を数えた。しかし，米国における優生運動に関わっていた科学者たちは，1910年代後半からはこの運動から手を引くようになった。生物実験で得られた遺伝に関する結果がそのまま人間には適用できないことや経済が繁栄して優生政策を実行しなければならない社会的・政治的要因が減少したことなどが考えられている。

一方，米国で優生運動が衰退してきたころからドイツでは，広範囲にわたる優生運動が開始され，1930年代には絶頂を極めるようになっていった。ドイツの優生運動はゴルトンが考えていたものよりも広く，衛生学や実験生物学，さらに社会科学諸分野の成果に立脚していた。1895年に優生学とは別に在野の研究者A・プレッツ(Alfred Ploetz)が「民族衛生学」という語を作っていた。かれは「ドイツ優生思想の父」といわれる。1927年にはベルリン・ダーレムにカイザー・ヴィルヘルム人類学・人類遺伝学・優生学研究所が設立され，これらの分野の研究や，市民向けの通俗講演を開催していた。

ドイツにおける断種に関する法律は1932年にプロシア州の衛生委員会が立

案していたが，実施されるまでには至らなかった。しかし，A・ヒットラー(Adolf Hitler 1889-1945年)が首相の座についた1933年の7月には，この法案が全18条の「遺伝性疾患子孫防止法」として公布された。

遺伝性疾患子孫防止法

第1条

1 遺伝病者は，医学的な経験に照らして大きな確度をもって，その子孫が重度の肉体的・精神的な遺伝疾患に悩まされることが予想できるときは，外科的不妊手術(断種)を受けることができる。

2 本法にいう遺伝病とは，以下の疾病の一つに患った場合をいう。①先天性知的障害　②統合失調症　③周期性精神異常(躁鬱病)　④遺伝性てんかん　⑤遺伝性舞踏病(ハンチントン舞踏病)　⑥遺伝性全盲　⑦遺伝性聾唖　⑧重度の遺伝性身体奇形

3 また，重度のアルコール依存症である場合も断種できる。

(米本昌平『遺伝管理社会』弘文堂，1989年)

1930年代のドイツといえば，米国資本の導入を主体とした経済再建が軌道にのり，1926年には第一次世界大戦前の生産水準を突破していたが，1929年から1932年の経済恐慌がその勢いを一変させてしまった時期である。1929年には失業者が600万人を超えていた。また，このころドイツ国内に知的障害者約100万人，精神病者約18万人，てんかん約10万人，遺伝性盲約1万人などがおり，施設に収容された精神病患者に要する経費は年間12億マルクを超え，保険も大赤字であったといわれる。経済復興の過程では，労資の対立がしばしば起っていた。こうした状況の下にナチス党が台頭をし，優生政策も実施されたのであった。

日本の優生思想についてもみておこう。日本では，欧化主義の典型例として知られる「鹿鳴館」で仮装舞踏会が開催された1884(明治17)年，ゴルトンの優生思想を紹介した人物でもある福沢諭吉門下の高橋義雄が『日本人種改良論』を著し，日本人の身体的，精神的水準を西欧白人に近付けるため日本人と西欧人との国際結婚を提唱した。これは「黄白雑婚論」とよばれ日本人の人種的コンプレックスの表明でもあった。

しかし，この考えは愛国主義者などから反論された。こうした外見上の屈折

は日清戦争(1884～85)の勝利を機に解消され，人種改造から優秀な形質をもつ日本人を積極的に残していこうとする優生思想へと変わっていった。1926年にはジャーナリストの池田林儀(1892-1966)を中心に「日本優生運動協会」が設立された。この会の理想は，次のようなものであった。

日本優生運動協会の理想は，日本民族をして，将来すべての点において，世界の第一線に立たしめ，人類文化の指導的地位を確保せしめんとするにある。この理想を実現せんがためには，

第一，国民の心身の健康を増進し，体格の改良発達を期し，不老長生の道を講じ，精神薄弱性，遺伝的疾患のない家庭を作らねばならない。

(鈴木善次『日本の優生学』三共出版，1983年)

また，1930年には，当時の医学界，科学界の重鎮や，社会科学者，政治家の有志が結集して，産児制限の指導を目指した啓蒙運動団体の性格が強い「日本民族衛生学会」が設立された。そして学会の付属事業として東京都内の百貨店に優生結婚所を設け優生相談に応じた。ここの様子をある医師は次のように述べている。「精神病者や犯罪人，精神薄弱のために国民は4,000万円以上年々負担して居るのであります。断種を施行してこれ劣悪者が無くなれば国家は如何に平和な楽土となるでせうか。私はその日の1日も早く到来する事を待って居ります」(池見猛　断種論「医事公論」1935年4月)。

1934年に，強制断種を含め民族の健全な育成をはかるという趣旨で「民族優生保護法案」が帝国議会へ提出されたが通過せず，1940年には厚生省が作成した法案「国民優生法」として通過，制定された。

国民優生法

第1条　本法ハ悪質ナル遺伝性疾患ノ素質ヲ有スル者ノ増加ヲ防遏スルト共ニ健全ナル素質ヲ有スル者ノ増加ヲ図リ以テ国民素質ノ向上ヲ期スルコトヲ目的トス

第2条　本法ニ於テ優生手術ト称スルハ生殖ヲ不能ナラシム手術又ハ処置ニシテ命令ヲ以テ定ムルモノヲ謂フ

第3条　左ノ各号ノ一ニ該当スル疾患ニ罹レル者ハ其ノ子又ハ孫医学的経験上同一ノ疾患ニ罹ル虞特ニ著シキトキハ本法ニ依リ優生手術ヲ受クルコトヲ得但シ其ノ者特ニ優秀ナル素質ヲ併セ有スルト認メラルルトキハ此ノ限リニ在ラズ

1　遺伝性精神病

2　遺伝性精神薄弱
3　強度且悪質ナル遺伝性病的性格
4　強度且悪質ナル遺伝性身体疾患
5　強度ナル遺伝性畸形

（太田典礼『堕胎禁止と優生保護法』経営者科学協会，1967年）

優生保護法・母体保護法

第二次大戦後の占領期の1947年10月，厚生省は臨時国勢調査を行った。出生数約268万人，死亡数約114万人で自然増が約154万人，48年が約143万人，49年は約130万人と日本の人口は増加の一途をたどった。いわゆるベビーブーム，団塊の世代の登場である。その上，約660万人の軍人，軍属を含む在外邦人が続々と海外から引き揚げてくる。結局，1945年から1950年までの5年間に日本の人口は約7,200万人から約8,320万人へ増加したのである。

こうした人口が量的に増加している最中，占領軍兵士による日本人慰安婦の懐妊，ヤミ堕胎の横行，占領軍兵士と日本人女性との「混血児問題」などが生じてきた。それに，戦後の母性保護や女性解放の気運と相まって産児制限(受胎調節)が社会的問題として浮かび上がった。

日本の人口の急増に連合国軍最高司令官総司令部(GHQ/SCAP)公衆衛生局長が，1946年2月，日本は食糧の自給が不可能であり，そのための解決策として，①工業開発により，食糧輸入を可能にすること，②海外移民，③人口増加

tea break　北欧の優生思想

今日，北欧の国々，たとえば，デンマークやスウエーデンは福祉先進国と目されている。こうした国は，優生思想・優生学とは無縁・無関係と思われるかもしれない。しかし，歴史的には福祉国家であるからこそ強制的な優生政策が説得を持ち得たという指摘がある。デンマークでは，1929年に，時限立法で断種法が制定された。1934年までに同国で実施された不妊手術の約9割は，知的障害者を対象にしていたという。スウエーデンでも1934年に断種が合法化されている。その第一条は，

精神疾患，知的障害，その他の精神的機能の障害によって，子どもを養育する能力がない場合，もしくはその遺伝的資源によって知的障害が次世代に伝達されると判断される場合，その者に対し不妊手術を実施できる。

防止のため産児制限の奨励を述べた記者会見の様子が新聞に掲載された。また，同年4月には日本医学博士会主催の「産児制限を語る座談会」が行われ，人口の増加により食糧問題や就業問題が起る，さらに人口の増加が戦争の原因にもなるなどの意見が出された。1948年前後には，出産調節研究会，日本産児調節連盟，人口問題研究会，日本人口学会など受胎調節や人口問題関係の団体が相次いで設立されていた。

こうした背景の1947年，産婦人科学会の権威で参議院議員谷口弥三郎(1883-1963)は，国民優生法に中絶条項を加えた法案を提出したが，通過しなかった。しかし，医師出身の議員や日本医師会の協力を得て同年8月には福田昌子，加藤静枝，太田典礼ら社会党議員が法律の原案をまとめた。第1章　総則，第2章　任意断種，第3章　強制断種，第4章　届出並禁止，その他，第5章　一時的避妊，第6章　妊娠中絶，第7章　罰則から構成されている。そして，翌年6月に衆議院厚生委員会で優生保護法提案理由が説明されたのである。こうして優生保護法は1948年7月13日に公布され，9月11日に施行された(溝口　元　占領期における人口政策と受胎調節(家族計画)中山茂，後藤邦夫，吉岡斉編『通史日本の科学技術　1　占領期　1945～1952』学陽書房，1995年)。

優生保護法

第1章　総則

(この法律の目的)

第1条　この法律は，優生上の見地から不良な子孫の出生を防止するとともに，母性の生命健康を保護することを目的とする。

(定義)

第2条　この法律で優生手術とは，生殖腺を除去することなしに，生殖を不能にする手術で命令をもって定めるものをいう。

この法律で人工妊娠中絶とは，胎児が，母体外において，生命を保続することのできない時期に，人工的に，胎児及びその附属物を母体外に排出することをいう。

第2章　優生手術

(医師の認定による優生手術)

第3条　医師は，左の各号の一に該当する者に対して，本人の同意並びに配偶者(届出をしないが事実上婚姻関係と同様な事情にある者を含む，以下同じ)があるときはその同意を得て，優生手術を行うことができる。但し，未成年，精神病者又は精神薄弱については，この限りでない。

1　本人若しくは配偶者が遺伝性精神病質遺伝性精神疾患若しくは遺伝性奇型を有し，又は配偶者が精神病若しくは精神薄弱を有しているもの

2　本人又は配偶者の四親等以内の血族関係にある者が，遺伝性精神病，遺伝性精神薄弱，遺伝性精神病質，遺伝性身体疾患又は遺伝性奇型を有しているもの

3　本人又は配偶者が，癩疾患に罹り，且つ子孫にこれが伝染する虞れのあるもの

4　妊娠又は分娩が，母体の生命に危険を及ぼす虞れのあるもの

5　現に数人の子を有し，且つ，分娩ごとに，母体の健康度を著しく低下する虞れのあるもの

　前項第3号及び第5号に揚げる場合には，その配偶者についても同項の規定による優生手術を行うことができる第1項の同意は，配偶者が知れないとき又はその意思を表示することができないときは本人の同意だけで足りる

第3章　母性保護

（医師の認定による人工妊娠中絶）

第14条　都道府県の区域を単位として設立された社団法人たる医師会の指定する医師（以下指定医師という）は，左の各号一に該当する者に対して，本人及び配偶者の同意を得て，人工妊娠優生手術を行うことができる。

1　本人若しくは配偶者が遺伝性精神病質遺伝性精神疾患若しくは遺伝性奇型を有し，又は配偶者が精神病若しくは精神薄弱を有しているもの

2　本人又は配偶者の四親等以内の血族関係にある者が，遺伝性精神病，遺伝性精神薄弱，遺伝性精神病質，遺伝性身体疾患又は遺伝性奇型を有しているもの

3　本人又は配偶者が，癩疾患に罹っているもの

4　妊娠の継続又は分娩が身体又は経済的理由により母体の健康を著しく害する虞(おそ)れのあるもの

5　暴行若しくは脅迫によって又は抵抗若しくは拒絶することができない間に姦淫されて妊娠したもの

ここに掲げた条文の内，第14条第4項は経済的理由により妊娠中絶ができることを意味するもので，制定の翌年に追加されたものであった。また，1950年代には中絶の手続きが簡素化され指定医師の判断だけで中絶手術の実施が可能になった。これらにより，戦後経済の復興期や高度経済成長期に，パートタ

イム労働者として女性の労働力の供給を促進し，一定の貢献を果たしたという考えがある。しかし，この「経済的理由」を削除するなどの改訂案が1960年代半ばころから検討され，1972，73年の国会に上程された。婦人団体を中心に反対運動が起こり74年に廃案になった。

この「経済的理由」の削除は，1982年にも参議院で提案された。政府も改訂案の検討を始めたが結局見送った。「経済的理由」の削除を求める側は，当時の風潮として性的快楽のみを求めて妊娠した場合には安易に中絶を行い平然としているようみえること，これが生命軽視の風潮を招いているのではないかというのが根拠であった。しかし，仮にこの理由だけを削除しても，ヤミ中絶が増加するだけではないかという考えが出され上程が見送りになったのである。また，女性や障害者の個人，団体から，この改訂に広い反対運動が起った。優性保護法は，目的や対象者，用語などかねてから批判が強かった優生思想に関する部分が削除，改訂されて1996年4月から「母体保護法」として施行された。

母体保護法

第1章総則

(この法律の目的)

第1条　この法律は，不妊手術及び人工妊娠中絶に関する事項を定めること等により，母性の生命健康を保護することを目的とする。(定義)

第2条　この法律で不妊手術とは，生殖腺を除去することなしに，生殖を不能にする手術で命令をもって定めるものをいう。

この法律で人工妊娠中絶とは，胎児が，母体外において，生命を保続することのできない時期に，人工的に，胎児及びその附属物を母体外に排出することをいう。

第2章　不妊手術

第3条　医師は，左の各号の一に該当する者に対して，本人の同意並びに配偶者(届出をしないが事実上婚姻関係と同様な事情にある者を含む，以下同じ)があるときはその同意を得て，不妊手術を行うことができる。但し，未成年については，この限りでない。

1　妊娠又は分娩が，母体の生命に危険を及ぼすおそれのあるもの

2　現に数人の子を有し，かつ，分娩ごとに，母体の健康度を著しく低下するおそれのあるもの

前項各号に掲げる場合には，その配偶者についても同項の規定による不妊手術を行うこ

とができる
第1項の同意は，配偶者が知れないとき又はその意思を表示することができないときは本人の同意だけで足りる

第3章　母性保護

(医師の認定による人工妊娠中絶)

第14条　都道府県の区域を単位として設立された社団法人たる医師会の指定する医師(以下指定医師という)は，左の各号一に該当する者に対して，本人及び配偶者の同意を得て，人工妊娠中絶を行うことができる。

一　妊娠の継続又は分娩が身体又は経済的理由により母体の健康を著しく害するおそれのあるもの

二　暴行若しくは脅迫によって又は抵抗若しくは拒絶することができない間に姦淫されて妊娠したもの

2　前項の同意は，配偶者が知れないとき若しくはその意思を表示することができないとき又は妊娠後に配偶者がなくなったときには本人の同意だけで足りる

(2)　人工妊娠中絶

胎児を出生前に母体から取り出し生命の継続を絶つ妊娠中絶の是非をめぐる問題は，生命倫理の主要課題である。中絶自体は古今東西広く行われていたことが知られているが1970年代に入って各国で真摯な議論がなされるようになった。前述の優生保護法施行以降の日本の中絶件数は厚生省優生保護統計及び厚生労働省衛生行政報告によれば以下のようである。

表2　日本の中絶件数

年	件数	年	件数
1950年	489,111	2004年	306,173
1955年	1,170,143	2005年	289,127
1960年	1,063,256	2006年	276,352
1965年	843,248	2007年	256,672
1970年	732,033	2008年	242,292
1975年	671,597	2009年	221,980
1980年	598,084	2010年	212,694
1985年	550,127	2011年	202,106
1990年	456,797	2012年	196,639
1995年	343,024	2013年	186,253

また，どの時期でも中絶の理由に90%以上が経済的な理由を挙げている。年齢としては30歳代前半が多い。ところで，日本では，明治期に制定された刑法の堕胎罪が現在も残っており中絶を禁止している。

第二十九章　堕胎ノ罪

第二一二条（堕胎）

懐胎ノ婦女薬物ヲ用ヒ又ハ其他ノ方法ヲ以テ堕胎シタルトキハ一年以下ノ懲役ニ処ス

第二一三条（同意堕胎）

婦女ノ嘱託ヲ受ケ又ハ承諾ヲ得テ堕胎セシメタル者ハ二年以下ノ懲役ニ処ス因テ婦女ヲ死傷ニ致シメタル者ハ三月以上五年以下ノ懲役ニ処ス

第二一四条（業務上堕胎）

医師，産婆，薬剤師又ハ薬種商婦女ノ嘱託ヲ受ケ又ハ其承諾ヲ得テ堕胎セシメタルトキハ三月以上五年以下ノ懲役ニ処ス因テ婦女ヲ死傷ニ致シタルトキハ六月以上七年以下ノ懲役ニ処ス

第二一五条（不同意堕胎）

一婦女ノ嘱託ヲ受ケス又ハ其承諾ヲ得スシテ堕胎セシメタル者ハ六月以上七月以下ノ懲役ニ処ス

二前項ノ未遂犯ハ之ヲ罰ス

第二一六条（不同意堕胎致死傷）

前条ノ罪ヲ犯シ因テ婦女ヲ死傷ニ致シタル者ハ傷害ノ罪ニ比較シ重キニ従テ処断ス

そこで，法体制として母体保護法を優先し第14条1項の各号に違反して人工妊娠中絶を行った場合に刑法の堕胎罪の適用を受けるようになっている。堕胎罪で有罪になった人数は明治末期から昭和初期までの間で年間約100人から約670人，第二次世界大戦後は年間に0人から数人である（金住典子　堕胎罪の変遷と今後の展望　あごら　28号，1983年）。したがって，日本における人工妊娠中絶は母体保護法の適用を受ける限り堕胎罪には問われないことになる。

人工妊娠中絶は法的には全面的な禁止から比較的自由に実施可能までが考えられる。世界各国の法律をみると，世界の人口の約6割はなんらかの妊娠中絶が可能な国で生活しているといわれる（芦野由利子・飯島愛子・草野いずみ　世界各国の中絶に関する法律の変遷と実態　現代性教育研究　1982年十２月号）。

生命倫理の立場から問題となるのは，どのような場合に妊娠中絶が認められ

るか，あるいは認められないかである。妊娠中絶が必要とされるのは，たとえば母体の生命が妊娠の継続により危険な状態になると考えることができる場合や，強姦されて妊娠した場合など比較的理解が得られやすいものから，予定外の妊娠，胎児障害さらには貧困や人口問題との関連など極めて私的な事情から社会，国家の政策に関するものまで広い範囲にわたっている。

人工妊娠中絶に関する論考(香川知晶　人工妊娠中絶，今井道夫・香川知晶編『バイオエシックス入門』東信堂，1992年所収)を手がかりに中絶の考え方を整理しておこう。妊娠中絶の論点は，胎児は人間かどうかという点と胎児の道徳的身分，権利であるという。これらから3つの立場に分かれる。

中絶禁止派(保守的立場)

伝統的なキリスト教の立場である。なかでもローマンカソリックが妊娠中絶にもっとも厳しい態度をとっている。その考え方は，①神のみが生命の創造主である，②人間には罪がない他人の生命を奪う権利はない，③人間の生命は受胎の瞬間に始まる，④胎児の発育のいかなる時点における中絶も罪がない人間の生命を奪うことになることを根拠としている。

中絶禁止派は，受胎の瞬間が生命の出発点と考える。受胎が成立すればその8割以上は人間に成長する。逆に現に生きている人間の連続性は受胎の瞬間からの遺伝情報の発現開始に求められると考えるのである。

中絶容認派(リベラル派)

中絶，さらには嬰児殺しも認められると考える人達は「人格」の概念を問題にする。人格とは，

①　意識，とくに苦痛を感じる能力　　②　問題解決能力としての理性
③　自分の意思に基づいて行為できること　　④コミュニケーション能力
⑤　自我の概念と自己意識

の5つの特徴があるという。しかし，胎児にはこれらの人格が備わっていないので中絶が容認される。

中間派

中間派にはいくつかの考え方がみられるが，その一つは母体と胎児は権利的

に平等でないと考える。母体に危険性がある場合は胎児よりも母親の生存権を優先する。危険性がない場合もたとえば強姦されて妊娠した場合も強制的に必ず出産しなければならないとはいえないだろう。要するに，中絶を実行するかどうかは第三者や法によって規制する性格のものではなく，母親の自己決定権に委ねるべきものである。

日本では，出生前診断や胎児検診を行って胎児に重篤な異常が検出された場合，胎児を中絶するかどうかの議論がある。これには前述したように，出生前診断の結果による選択的中絶は障害者の抹殺につながるという強い主張がある。『優生保護法・堕胎罪が「障害」「疾病」の有無で人に優劣をつけ，これらを持って生きる人々から産む権利，生まれる権利を奪ってきた。また同時に，女性が自ら産む産まないを決めることを否定し，女の体を通して人口の量と質を管理している。…障害者・女性それぞれが，自分の体についてなんら強制を受けない，自分で決めることを保障するような新たな法や制度を要望していきたい』という考えである（利光恵子　今こそ語ろう，自己決定って何だ！　インパクション　97号，1996年）。

これに対して，欧米では胎児診断は病気の発生予防の目的で行われており，検出されれば最終的に本人の意志でほとんどの場合中絶するという。また，米国では遺伝病を出生前に検出することの強力な反対者は障害者団体ではなく，保守的な中絶反対の団体である。現状として「欧米では，選択的中絶と障害者問題はいちおう別個のものと考えられているのに対して，日本では，中絶一般は必要悪とみとめるものの選択的中絶には拒否的である」（米本昌平『バイオエシックス』講談社現代新書，1985年）。このことは障害者に対する社会的理解や受容，生命観の相違を示す事例でもある。

tea break パーソン論

人工妊娠中絶を容認する人たちは，胎児は「人格(パーソン：person)」を欠いているからだと考えることがその理由の一つである。日本語で「人格」というと人柄や品性の意味を思い浮かべることが多いので，「パーソン」と表記することがしばしばである。そして，パーソンが何を指すかを中心に，存続に値する命とは何か，さらには殺してよい命はあるのか，生きる権利とは何かなどを考えていくのが「パーソン論」である(陀安広二　パーソン論とはどのような倫理か－シンガーを中心に－，医療・生命と倫理・社会　3号，2004年)。米国・コロラド大学のトゥーリー(Michael Tooley)が1972年に哲学系の専門雑誌に発表した「嬰児は人格を持つか(Abortion and Infanticide)」と題する論文が，この大きな議論を巻き起こした端緒とされる。このパーソン論は，胎児の中絶ばかりでなくさらに安楽死でも問題にされている。

なお，健康状態が良好でなくても，人間が生まれつき持っている神聖さのため，すべての生命は平等で絶対的な価値があるという捉え方を「生命の尊厳(SOL：sanctity of life)」と呼んでいる(H. T. エンゲルハート，H. ヨナス他著，加藤尚武・飯田亘之編「バイオエシックスの基礎　欧米の「生命倫理論」」東海大学出版会　1988年)。

Ⅲ部

患者本位の医療と自己決定

［1］ がんの症状と治療

（1） がんと発がん機構

がんとは何か

現在，日本人の死因の第1位はがん（Cancer）である。2013年には約36万人ががんで死亡し，さらに増加傾向が見られる。成人では，約3人に1人近くががんを患いこの世を去っていることになる。厚生労働省がまとめた各年度の「人口動態統計」によれば，第二次世界大戦直後の1947（昭和22）年の死因の第1位は結核，第2位肺炎・気管支炎，第3位胃腸炎であった。高度経済成長政策が打ち出された1960（昭和35）年では第1位は脳・血管疾患，第2位がん，第3位心疾患となり，この順は1980年まで変わらない。そして，1981年にはついに第1位はがん，第2位脳・血管疾患，第3位心疾患となり，それ以降連続してがんが死因の第1位を占めている。

また，がんによる死亡者の実数は1947年，53,886人，1960年，93,773人，1970年，119,977人，1980年，161,764人，1995年，262,952人と年を追うごとに増加している。21世紀に入ると30万人を超えた。全死亡者に対するがん死亡者数の割合も1947年には約4.7％であったものが，1955年11％，1965年15％，1985年25％，そして1995年には約29％にまで上昇している。また，2011年にがんと診断された人の数は男496,304人，女355,233人，合計851,537人であった（「がん情報サービス」がん登録・統計）。

こうした傾向は，伝染病を克服した先進工業国では共通である。そこで，がんについては「人類最大の敵」とか「最後の難病」などと形容されている。がんと生命倫理が明確に直面する事態は，「がんの告知」と「末期がん」に関するものである。これらを理解するために，まず，がんそのものについての基本的な特徴をみておこう。

正常な組織では，それを構成する細胞同士が必要以上に増殖しないように，細胞分裂を調節する機構が存在する。この機構がなんらかの原因で働かなくなると，細胞が異常に増殖を始め，ほとんど無限に増え続けてしまう。この異常（過剰）な増殖を示す細胞の集団が「腫瘍」である。そして，この腫瘍により死が引き起こされる場合を一般に「がん」（悪性腫瘍）とよんでいる。

がんは髪の毛と爪以外は体のすべての部位に発生するといわれるほどの全身性の疾病である。1970年代から90年代にかけてのがんが発生する部位をみてみると，男性と女性とは異なり，男性では肺がん，大腸がん，肝がんが増加し，女性では子宮がんは減少しているものの肺がん，大腸がん，乳がんが増えている。肝がん，胃がん，大腸がん，肝臓がん，膵臓がん，乳がんの6種のがんでがんによる死亡の3分の1を占める。

1951年，子宮頸部がんを患っていた女性からがんの部分の組織が取り出され，体外で培養され「ヒーラ(HeLa)細胞」と名付けられた。この細胞はがん細胞の性質を示し，今日でも世界中の多くの研究機関で培養され，がんの研究に利用されている。まさに不死の細胞である。がん細胞はリンパ管や血管などを介して体の別の場所へ容易に「転移」する性質がある。また，転移した場所で新たに異常増殖を開始し，病巣を示す場合を「浸潤」とよんでいる。

がんが起こる原因はさまざまである。放射線やX線，紫外線などを浴びて生じる物理的作用によるものが約5%。スス，タバコの煙，焼け焦げ，ワラビの成分，排気ガス，発がん物質(実験動物に投与した場合にがんを引き起こす物質を「発がん物質(発がん性化学物質，変異原物質)」とよぶ)などのがんを引き起こす物質によるものが約90%，バーキットリンパ腫，肝臓がん，子宮頸部がん，ある腫の白血病はがんウイルスによって引き起こされるが，こうしたウイルスによるものが約5%である。

また，家系調査からがんにかかりやすい体質があるともいわれている。しかし，メンデルの遺伝の法則に従うような明確な規則性をもって遺伝するがんはない。大腸全体にポリープができ，それからかなり高い確率でがんへと進む「家族性大腸ポリポージス」は例外的に遺伝が認められるが，この種のものは眼の網膜や神経線維にできるがんなど極めて少数である。一卵性双生児で，一方がある種のがんに罹り，もう一方も同じがんに罹った事例から親族への遺伝性を疑うものもいくつか指摘されている程度である。むしろ問題となるのは，老化とともにがんに罹りやすくなることである。たとえば，胃がんではその死亡率が40歳から80歳まで加速度的に増加している。

日常口にしている食事も成分によっては，がんの大きな発生原因になりうるし，動物実験からは肉体的ストレス，精神的ストレスともにがんの発生や増殖に悪影響を与える可能性が指摘されている。

発がんの２段階説

がんが発生する機構は，人工的にがんを引き起こす実験から解明の糸口が見い出された。1914年東京帝国大学医学部の山極勝三郎と市川厚一は，ウサギの耳にコールタールを繰り返し塗付したところ，がんが発生することを確認した。これは世界初の人工がんの発生実験成功であった。

こうした実験結果を基に，発がんの機構は，次のように考えられている。正常ながん細胞ががんを引き起こす性質をもつ物質(開始因子，イニシエーター)によって，細胞内の遺伝子の本体DNAに変化が起こり潜在的ながん細胞(潜在がん細胞)になりうる過程(イニシエーション)と，このような潜在がん細胞に働きかける物質(促進因子，プロモーター)が作用して実際にがん化が促進される過程(プロモーション)である。この考えは「発がんの2段階説」とよばれている。

具体的には，次のようである。たとえば，マウスの皮膚にそれ自体では発がんしない程度の薄い濃度のベンツピレンのような発がん物質を塗っておく。次にハズという名の植物の種子から得られるクロトン油のようなそれ自身には，発がん性がない物質をベンツピレンを塗った場所に繰り返し塗りつける。するとこの部分にがんの発生がみられる。この場合ベンツピレンがイニシエーター，クロトン油がプロモーターにあたる。

しかし，すべての発がん物質がイニシエーターとしての作用をもつわけではないし，特定の臓器にのみイニシエーションを起こすものもある。また，最近ではイニシエーションとプロモーションの過程をさらに細かく分けた方がより発がんの過程の実態の説明にかなっているとする説が有力になっている。このような考えを「発がんの多段階説」とよんでいる。

なお，がんが生じる仕組みについては，前述の発がん機構と関連して「がん遺伝子」の役割に多くの研究が費やされている。がん遺伝子と聞くとがんを引き起こす直接的な原因の遺伝子というイメージがあるが，この理解では不正確，不十分である。がん遺伝子の研究は，1960年代末からのがんウイルスががんを起こす機構の探究から明らかになってきたものであった(田沢健次郎・溝江晶吾『がん研究の最前線』朝日新聞社，1989年)。

1969年に米国国立がん研究所のヒュブナー(Robert Joseph Huebner, 1914-1998)とトダロ(George J. Todaro)は「発がん遺伝子仮説」とよばれる考えを提示していた。これは脊椎動物の細胞には働いていない状態の「がん遺伝子」が存在し，それが発がん物質やがんウイルスにさらされると働き出し，細胞をがん化するというものであった（「科学朝日」編『科学史の事件簿』朝日新聞社，1995年）。すなわち，細胞の中にがん遺伝子が存在することを示すものであった。こうしたことから，がん遺伝子は，ある種のウイルスが保持しているもの，動物細胞の内部に存在するもの，細胞内にあって，突然変異によりがん遺伝子に変わるものの三種類が知られている。この内，最後のものを「がん原遺伝子」とよんでいる（田沢健次郎・溝江昌吾『がん研究の最前線』朝日選書，1989年）。

（2）　がんの治療

それでは，がんに罹った場合どのような治療がなされているのだろうか。がん治療の現状をみてみよう。

外科手術

現在，がんの治療法でもっとも効果があるのが外科手術である。早期がんであれば90%は回復する。ところが進行がんになると40%以下の回復率といわれる（すなわち，60%は再発の恐れがあることを意味する）。進行がんでは転移の可能性があるからである。手術では，がんが発生した臓器とその周辺のリンパ節（リンパ腺）を含めて切除する。

手術をすれば回復率が高いとはいえ，いくつかの問題があることはいうまでもない。従来，たとえば，乳がんの外科手術では19世紀末に考案された乳房とその下の筋肉（胸筋），わきの下のリンパ節までまとめて大きく切除する方法が最善と考えられ，そのように実行されてきた。しかし，筋肉を残した手術と残さない手術でも乳がんの治癒率に統計的に有為な差が認められないことから1970年代から欧米では5センチ以下の乳がんについては乳房を切除せずに，がんがある部位のみを取り除く「乳房温存療法」が実施され，以降この方法が一般化するようになってきた。

この乳房温存療法を知らずに従来の手術を受けた患者は，次のような感想を述べている。「私には9歳と3歳の子供がおります。退院後，一緒にお風呂に入ろうよと子供に言われても，傷あとを見て子供の受けるショックを考えると，一緒に入浴する勇気は私にはありません。私は乳房を失ったためのコンプレックスを持って残された人生を生きるのは，あまりに切ないと思います」(近藤誠『乳ガン治療・あなたの選択』三省堂，1990年)。日本でも1980年代後半に入ってこの方法が採られるようになってきた。乳房温存療法によるがんの再発は約1％といわれている。同様に臓器を可能な限り温存する療法は，直腸がんにもみられ，従来の肛門を切除し人工肛門を造成していた場合も肛門をなるべく残す方策を考え，現在では人工肛門は直腸がん患者の3分の1以下になっている。

また，将来結婚，妊娠，出産を考えている未婚女性に子宮がんあるいは卵巣がんが生じた場合，一命を取り止めるために子宮や卵管，卵巣などの切除をしなければならない事態も考えられる。こうした場合，その後の人生をどのように送るかも大きな問題である。さらに，仮に外科手術が首尾良く成功したとしても肝がんや肺がんの場合では，手術後3年間生存した患者の割合は，10％台と厳しい現状がある(梶原哲郎・小川健治監修『がんで死なない！ための常識』(毎日ライフ編集)毎日新聞社，1997年)。2010年代後半になり，10年生存率は60％を越えるようになった。

放射線療法

この方法は，がんの病巣にX線などの放射線を照射してがんの部位を焼滅，破壊してしまうものである。しかし，がんの種類によっては放射線への感受性が低く焼滅しにくい場合や正常な細胞まで破壊してしまう恐れもある。この方法は外科手術と併用されることも多く上述の乳房温存療法では切除部位にX線を照射し，再発の予防をしている。

近年，X線よりも強力な速中性子線，局部に集中させる熱中性子線，さらには陽子線，重粒子線，パイ中間子線を使った療法も試みられている。これらの方法は原子炉を利用するため「原子炉療法」とよばれている。放射線療法を受けると体力の消耗が激しいという報告や，放射線自体の発がん性を懸念する考えもある。

化学療法

がんを抗がん剤，制がん剤とよばれる薬物によって治療する方法ががんの化学療法である。がんの薬物治療は意外なところから道が開かれた。それは毒ガス兵器の作用からであった。第一次世界大戦時の1917年7月，ドイツ軍はベルギーのイープルの戦場でビス(2-クロロエチル)スルフィドを原料とした毒ガス兵器「イペリット」（からしの臭いがすることからマスタードガスともよばれた）を英仏軍に対して使用した。この液体に触れると粘膜や皮膚がただれ，吸い込むと肺や他の臓器の機能が低下した。骨髄のような造血器官の機能が低下すると，白血球の生産も低下する。逆に考えれば，白血病のように未熟な白血球が異常増殖する疾病には，このイペリットを用いると効果があるかもしれないということになる。

この考えから1950年代に入り，イペリットの化学構造を少しかえたナイトロジェンマスタードにがん細胞を破壊する作用が見い出された。そして，実際に白血病を初めいくつかのがんに治療効果があると報告されたのである（この物質は発がん物質としても作用することが知られている）。ナイトロジェンマスタードは，化学反応としてはパラフィン炭化水素から水素原子を一つ外す「アルキル化反応」を起こす。そこで，この反応を導くアルキル化剤が制がん剤開発の端緒となった。

アルキル化剤　がん細胞中でアルキル化反応，すなわち遺伝子の本体DNAの塩基のグアニンの水素原子を抜き出し，DNAの構造にひずみを起こしてがん細胞の増殖をできにくくしようとするものである。白血病やリンパ腫の治療に利用される。しかし，副作用として脱毛や骨髄の機能の低下などがみられる。

代謝拮抗剤　生体内で起こっている化学反応は酵素によって調節を受けるが，酵素は基質と特異的に反応する。代謝拮抗剤は，基質よりも強く酵素と反応して，酵素反応を阻害する。これによりがん細胞の増殖に必要な物質の合成が抑制されることになる。代表的な薬物に5-フルオロウラシルがある。これはDNAを構成する塩基の一種のウラシルにある1個の水素をフッ素に換えたものである。消化器系のがんに有効とされるが，副作用も大きいことが知られている。

抗がん性抗生物質　自然界に存在する微生物ががんの増殖を阻止する働きがある物質を生産している場合がある。ある種の放線菌からは，抗がん作用をもつ抗生物質が発見されている。このような抗がん性抗生物質マイトマイシンCやアドリアマイシンには胃がんや乳がんのような固形がんに，ブレオマイシンは皮膚がんやリンパ腫に効果があるとされている。

微小管形成阻害剤　植物アルカロイド（アルカリ性を示す基になる物質）を利用したもので，ツルニチニチソウに含まれるアルカロイドのビンブラスチンやビンクリスチンなどがある。この物質はがん細胞が分裂して増殖する際に，その細胞分裂を阻止する働きがある。細胞分裂に関係する細胞内小器官として微小管から構成される分裂装置が存在するが，植物アルカロイドはこの微小管の形成を阻害し，分裂装置の機能を働かないようにする。その結果として細胞分裂が阻止されるのである。白血病やリンパ腫に効果があるとされる。強力な抗がん剤であるが，白血球や血小板の減少，腹痛，嘔吐，脱毛など副作用も大きいことが報告されている。

（抗がん剤は効かない！　別冊宝島　248号　宝島社，1996年）

これら以外にも，内分泌療法に用いられるホルモン剤も化学療法剤の一種である。乳がん，前立腺がん，甲状腺がんなどは体内のホルモンに依存してがんが増殖することが知られている。そのため，その体内のホルモンに対抗して作用を打ち消す薬物を投与して，がんの増殖を阻止することが試みられる。また，この療法には卵巣や精巣，副腎，下垂体などのホルモンを生産する内分泌器官を外科手術的に切除し，ホルモンの合成を阻止あるいは抑制して，がん細胞の増殖を食い止めようとする場合もある。

これらの抗がん剤の副作用には，脱毛，色素沈着，皮膚炎，肝細胞壊死（えし），肝硬変，腎障害，口内炎，咽頭炎，食道炎，不整脈，骨髄抑制などが知られている。また，抗がん剤の効果は必ずしも高いといえず，効果の判定としては「奏効率」が知られている。

完全奏功…腫瘍が完全に消失した状態
部分奏功…腫瘍の大きさの和が30％以上減少した状態
安　定…腫瘍の大きさが変化しない状態
進　行…腫瘍の大きさの和が20％以上増加かつ絶対値でも5mm以上増加した状態，あるいは新病変が出現した状態

（澤本明監修，奏効率　http://ganclass.jp/kind/gist/words/10.php，2015年9月8日閲覧）

このような化学療法の難点に対して免疫療法は，生体に本来備わっている免疫機能(抵抗力，自己回復力)を高めてがんの増殖を防ごうというものである。こうした作用をもつ薬物を「免疫修飾剤(免疫療法剤)」とよんでいる。体内で突然変異細胞が生じるとそれを見つけ出し破壊する作用があるリンパ球などの働きを増加しようとするものである。溶連菌という名の細菌の本体から抽出された「ピシバニール」やサルノコシカケから調製された「クレスチン」などが代表的である。

前者は消化器がんや上顎がんに，後者は胃がん，食道がん，肺がんに効果があるとされた。これらはともに1970年代半ばに開発され，80年代初頭には全抗がん剤の売り上げ(約1,200億円)の過半数(両者で約700億円)を超えた。副作用はほとんどないといわれたが，じつは制がん効果も期待したほどではなかったのである。1980年代半ばから実際の使用が激減し，1989年にはこれらを単独で投与しても効果がみられないと結論づけられた。

しかし，免疫療法剤自体は，マクロファージやナチュラルキラー細胞などの体内の免疫機能を高めることが知られている。がん細胞への攻撃力を増加させた新型の薬物の開発が進んでいる。

tea break 医療現場のヒヤリ・ハット

慎重にも慎重に実施される医療行為でも，ときにはヒヤリ・ハットが起こることがある。医師2,501人が回答したアンケートによれば，過去1年間にこのヒヤリ・ハットを経験したことがある医師は60％であった。内訳は，薬剤の投与(薬剤名，用量)：68.4％，治療・処置((指示)，手順)：40.8％，検査(試薬の間違い，入力ミス)：16.0％，医療機器の誤作動(設定ミス・操作ミス)：10.5％などであった。対策としては，事例の収集・改善活動の活性化，医療安全に関する職員教育，スタッフ間のコミュニケーションギャップを解消する仕組み作りが提案されている(日経メディカル，2015年9月号)。

［2］ がん・エイズの告知

（1） がんの告知

告知の現状

うすうす感じていた，あるいはまったく自覚がなったのいずれにせよ，病名を「がん」と告げること，すなわち，「がん告知」も生命倫理の大きな課題である。まさに，『「がん告知」をすれば大変，しなければもっと大変』（額田勲『終末期医療はいま』ちくま新書）といわれるほどである。

とくに，日本では「がん」と聞くだけ死病のイメージがあった。がん告知イコール死の宣告と感じられたのである。そこでがんの患者に病名を告げると本人が精神的なショックを受け，かえって死期を早めてしまう可能性があり，告げずにいることが多かった。米国でも1960年代初頭にはがんを告知していなかったといわれる。しかし，日本でも1970年代ころからがんの告知をめぐって議論がなされるようになってきていた。

がん告知はたとえば，早期のがんのように，手術などによって回復が考えられるのであれば，むしろ早めに告げた方が好ましい場合が多い。がん告知の問題は，回復の可能性が望めない場合，すなわち，かなり進行したがんや末期がん，あるいはがんが再発した場合などに考えられる。がん告知は，告知の現状，告知の目的，告知の条件，告知のメリット・デメリット，告知された患者の心理，告知後のケアなどすべて生命倫理に関わる問題をはらんでいる大きな問題である。

まず，どの程度がんの告知が行われているか，その実情をみておこう。1994年に厚生省ががんで亡くなった遺族に行った調査では，はっきりとがんを告知していたのは約20％であった。一方，予後不良すなわち回復の見込みが望めない場合にも，がん告知を希望するかという前提で，ある新聞社が1996年に行ったアンケートでは，知らせて欲しいが66％，欲しくない31％，無回答3％で，3人に二人は告知を望んでいることがわかる。1989年に行った同じ調査では，知らせて欲しいが54％，欲しくない44％，無回答2％であったので，がん告知を望む人が増え，望まない人の割合が減少している傾向が認められる（柏木哲夫『死を看取る医学　ホスピスの現場から』日本放送出版協会，1997年）。

がん告知については，しばしば外国との比較が問題になる。「米国では全て告げられ，英国では希望するものには告げられ，日本では希望する者にも告げられない」といわれる（額田勲『終末期医療はいま』ちくま新書，1995年）。

厚生労働省保険局がん対策・健康増進課によれば，2014年2月に行われたがん対策推進協議会では，がんの告知率がほぼ100%と述べられている。

告知のメリット，デメリット

それでは告知によってどのようなメリット，デメリットが考えられるのだろうか。これについては，多くの論考がある。たとえば，メリットとしては，次のようなことが指摘されている。

① 患者が死を受容し，平静な心で家族に看取られ，生を完結することができる場合が多い。

② 真実を告げることにより，患者自身が判断し患者の意思を述べる機会ができる。

③ 告知により，医師と患者，家族の意思疎通が図られ，信頼関係が保たれる。

④ 告知により，患者が仕事や家族などの問題を整理し，残された時間を有意義に過ごすことができる。

⑤ 告知しないことによる法的なトラブルや患者が不利益をこうむることを避けることができる。

（柏木哲夫『死を看取る医学　ホスピスの現場から』日本放送出版協会，1997年）

がん告知のメリット，デメリットを考える場合，患者側，医療側それぞれの立場から検討した方が理解しやすいと考えられる。さらに，主として身体の状況に関わる生理学的側面，精神的，社会的存在や役割の場面から心理社会学的側面，命の価値，人間の尊厳という生命倫理学的側面に分けられる。これらをまとめると，次のようになる（表3）。

表3　がん告知のメリット，デメリット

	メリット			デメリット		
	生理学的	心理社会学的	生命倫理学的	生理学的	心理社会学的	生命倫理学的
患者側	治療に対して協力的になり，自ら治療チームの一員として参加できるようになる。術後の再発・転移の発見に気づきやすくなる。	家庭・職場等の社会的問題を処理し身辺の整理ができる。上手に告知されると，かえって落ち着く患者が多い。家族はうそをつかなくてよい安心感がある。付き添いがしやすくなる。	充実した余生を送れる。生きてきた証しやライフワークの完成に努めることができる。人生の総括ができる。	不用意に告知すると，患者は混乱に陥り，適切な対処ができず，かえって予後を悪くする。	人によっては，闘病意欲を失い，自棄になり退行反応を起こしたりする。	人によっては自殺を図る。
医療側	病態について説明しやすい。検査，治療がスムーズにゆく。定期約診察が可能となる。	秘密がなくなり，うそをつく必要がなくなり気持ちが楽になる。患者と話しやすくなる。患者の相談にのりやすい。告げないことにより生じる患者・家族の損失に対して起こる医事紛争などの心配から解放される。	最後まで充実した生が送れるような治癒とケアがしやすい。患者と医師の関係がより緊密になり，信頼関係が強まる。	自棄になり治療を中断する患者がいる。	人によっては，告知前より対応が難しくなることもある。	告知後のフォローを十分にしなくてはならない。そのためのチームプログラムを形成しなければならない。

（永田勝太郎『癌告知の問題：現代のエスプリ189号，ホスピスと末期ケア』至文堂，1982年）

一方，医療従事者からはがん告知の厳しい状況についても言及されている。日本でがん告知を阻む要因として

①　死をタブー視する精神風土

②　がんイコール死とみなす偏見

③　古き時代の医の倫理

④　個の未確立（以心伝心など曖昧さを好む国民性）

⑤　終末期医療の体制の不備
⑥　終末期医療にかかわる意思，意識の欠如

逆に，以下のような場合には，告知をすべきでないという指摘がある。
①　確実に死を目前にしている。
②　全身状態が極度に悪く，肉体的に極めて劣悪な条件にある。
③　がんの告知により精神的に絶望にまで追いつめる可能性がある。
④　本人の言動より積極的に告知を望んでいると考えられない。

（額田勲『終末期医療はいま』ちくま新書，1995年）

告知のマニュアル

国立がん研究センター病院の「がん告知マニュアル」(2004)には，①本人に伝えることを原則とする，②医師と患者の人間関係，信頼関係が形成されていく中での告知，③説明する場所の配慮，④初対面の時から一貫して真実を述べる，⑤一方的に事実だけを話すという姿勢はとるべきでない，⑥医師は患者に対して希望も絶望も与えることがある，⑦時間をかけて説明し，その後の配慮を十分に行う，⑧医師と看護師の協力体制はがん告知の場面でも極めて重要である，⑨必要があれば何度も面接を行う，⑩常に患者の立場に立ってものを考えること，などが述べられている。

がん告知をうけた患者の心理

がん告知を受けた患者の心理については，スイスに生まれ米国で精神科医として活躍したE・キュブラー・ロス(Elisabeth Kbler-Ross，1926-2004)が約200人のがん患者へのインタビューを基にまとめている。そのプロセスは，次のようである(キュブラー・ロス著，川口正吉訳『死ぬ瞬間』読売新聞社，1971年)。

否認 ⟶ 怒り ⟶ 取り引き ⟶ 抑うつ ⟶ 受容

まず，告知を受けると患者は「否認」，すなわち自分はがんではないとか診断が誤っているなどと思う。「怒り」では，なぜ自分ががんでなければならないのだと怒り，それを身近な人や心を許しやすい人にぶつける。「取り引き」では，奇跡を期待したり，新たな治療法を求めたり，何とかしたがる。神と取

り引きしようとする段階である。「抑うつ」ではすべてに絶望し，何もする気がなくなる。希望がもてず，口数が減ってくる。そして，最後に自身の運命，すなわち死を「受容」するのである（永田勝太郎『家族がガンといわれたとき―その生をどうささえるか―』主婦の友社，1987年）。

しかし，このプロセスは米国人を対象としたもので，がんの告知が一般化している中でのことであり，日本人の場合には異なる結果になる可能性が指摘されている（柏木哲夫『死を看取る医学ホスピスの現場から』日本放送出版協会，1998年）。

告知後の患者のケア

告知後にどのように患者をケアをすればよいのか，なかでも精神的ケアの重要性が指摘されている。患者自身への精神的ケアとして，患者が不安や恐怖を訴えた場合には患者のそばで話しを聞き，気持ちを楽にすることや孤独を感じさせないことが求められる。また，うつの状態には家族や近親者とコミュニケーションをとり孤独感を与えないことが必要である。もちろん，重度のうつ状態に陥った場合には，精神科医の判断とインフォームド・コンセントを実施して抗うつ剤の使用が考えられる。

家族や遺族への精神的ケアも必要である。家族としては看護の疲労やストレス，患者の死に対する不安や恐怖などが生じる。医師や看護者，医療ソーシャル・ワーカーなどに相談し，気持ちを落ち着かせ安定させることが必要である。電話相談を行っているホスピスも知られている。また，亡くなった際には，ショックや寂しさ，無力感などが起こる。こうした場合，同じ境遇にある家族とネットワークを構築する，あるいは，すでにあるネットワークへ参加していくことで，悩みの解決や立ち直りを目指すことが可能である。

（2） エイズの告知問題

エイズという疾病

1981年6月，米国・ジョージア州アトランタ市の国立疾病管理センターが発行している週報誌に，カリフォルニア大学ロサンゼルス校の医療チームが20代から30代の男性の入院患者5人に見られた原因不明の「奇病」の症例を報告した。カリニ肺炎と呼ばれる日和見感染症の一種である。カリニ原虫という病原体が肺の中で繁殖して起こるものだが，通常は自己の免疫力で対応できるものである。起こるとすれば，免疫力が乏しいあるいは低下した子どもや高齢者の場合がほとんどである。20代から30代の男性であれば，通常，免疫力は問題がないであろう。それにも関わらず，この疾病が発病したのは不自然である。そのため診察・治療に当たっていた医師達は事態を公表したのであった。ほどなく，この状況がカリフォルニアだけで起こっているのではないことが判明した。

これが「現代の黒死病(ペスト)」とか「奇病」「死病」などと恐れられた「エイズ」が世に知られるようになったきっかけであった。エイズ(AIDS)は，国立疾病管理センターが名づけたもので，「後天性免疫不全症候群(Aquired Immuno‐Deficiency Syndrome)」の頭文字を連ねている。

初期の症状は比較的軽い風邪に罹ったようなものである。そして，発熱，寝汗，悪寒，下痢，全身倦怠感，体重の減少などが起こり，やがて持続的なリンパ腺の腫れや衰弱がみられる。こうした症状はエイズ関連症候群(ARC：AIDS‐Related Complex)と呼ばれる。そして，約10年の潜伏期間を経て，カリニ肺炎やがんの一種であるカポジ肉腫が顔面や四肢にできることがある。また，若くして認知障害に陥る「エイズ脳症」と呼ばれるようになった若年性早発性認知症に罹ることがあることも知られている。1990年代のアメリカの統計では，エイズ患者の約50％にカリニ肺炎が，約30％にカポジ肉腫が，そして約10％にこの両方がみられる。発病後1年で約50％，2年で75％，5年で大半が死に至ってしまうとされた。

疾病の対策には，原因の探求が第一である。当初，この疾病の患者がいずれも男性の同性愛者であることが判明したため，これが過度に強調されエイズは男性同性愛者に特有な疾病と思われた。しかし，その後の調査で麻薬中毒患者やハイチ島を始めとするカリブ海沿岸出身者，さらに女性患者もみられるようになった。エイズの伝播は，輸血や母親から胎児への母子感染，異性間の性交渉，などでも報告が相次ぎ社会に大きな衝撃を与えるところとなった。

しかし，エイズに対する人々の知識は21世紀の変わり目頃までは必ずしも十分といえなかった。男性の同性愛者や麻薬注射の経験者のようなエイズの発病の危険性が指摘される人たち(ハイリスクグループ)でも，発病の可能性の検査を受けたことがある人は半数以下であった。また，エイズ患者の血を吸った蚊に刺されると感染すると思っていた人は60％を越え，コップの回し飲みや，トイレ，風呂でも感染すると考える人が40％以上もいたという。さらにエイズの患者と握手をするだけでも約6％の人が感染すると思っていたという結果も報告されている。無論，このような行為でエイズが感染することはない。

日本でも，厚生省AIDS調査検討委員会が認定したエイズ患者第1号は，男性同性愛者であった。エイズは，今日では，梅毒や淋病のような性交渉で伝播していく「性感染症」の一種であると捉えられている。21世紀に入ってからも，AIDSによる死亡者は年間400人を超えている。

エイズの原因解明

エイズが起こる原因の探求に研究者たちはこの疾病が報告された直後から取り組んでいた。当初，考えられていたエイズが男性同性愛者に特有なものではなく，注射器の注射針を交換せずに回し打ちをして麻薬を体内に注入していた男女の麻薬中毒患者，特定の地域の出身者にも見られることからそれに共通することが考えられた。男性同性愛者では出血を伴う性的行為が行われることや注射を打つと注射針により出血が起こるので，「血液中」にエイズの原因が含まれると推定されるようになり，さらに，血液中のウイルスの存在が念頭にあがった。このウイルスが従来から知られているタイプのものなのか，あるいは新型なのかに焦点が絞られていった。エイズの原因の確定は医学的にも社会的にも極めて重要である。そのため，エイズを引き起こす体液中のウイルスの発見競争が行われるようになった。

なかでも米国の国立がん研究所腫瘍細胞生物部のギャロ(Robert Gallo, 1937-　)のグループとフランス・パスツール研究所ウイルス学部のモンタニエ(Luc Montagnier, 1932-　)のグループとの間で激しい研究競争が展開された。

エイズの原因がウイルスらしいと判明したのは，1983年5月にモンタニエのグループがフランスのエイズの患者から取り出したリンパ球から初めてウイルスを分離しLAVと名づけたことが契機となった。一方，ギャロのグループも1984年5月にエイズの原因として彼らがHTLV-ⅢBと命名したウイルスを発表した。エイズのウイルスは新型のウイルスであることを両グループは示したのである。しかし，ギャロらの発表以前の1983年9月にパスツール研究所からギャロの所へLAVと同定したウイルスの標本が送られており，これをギャロのグループが利用したのではないかという疑念が生じた。こうして，「同じ」

ウイルスなのにLAVとHTLV-ⅢBと異なる名が提唱されたので，アメリカの疾病管理センターが改めて3番目の名称として「ヒト免疫不全ウイルス(HIV: Human Immno-deficiency Virus)」を発表し，以降これが一般化した。すなわち，エイズはHIVが感染し，体内で増殖をし免疫機能を損なってエイズの諸症状が発症するという図式である。

このようなエイズでは，抗体検査をして体内にHIVの存在が疑われた場合，どのような対策が取られるべきかで議論がある。エイズの感染を巡ってのものである。

さて，エイズの告知はどのように考えるだろうか。たとえば，エイズの感染者は，公衆衛生の観点から自ら告知(カミングアウト)すべきだという考えがある。現在，エイズの感染は性感染である。したがって，感染者が最愛の人である。その人には伝えるべきか，否かの問題である。しかし，公にしてしまえば，差別や偏見の問題が起こることが想定される。著しいプライバシーの侵害のつながりかねない考えともいえる。

[3] 難病と社会

(1) ゲノム研究と生命倫理

20世紀末から日本では，ミレニアムプロジェクトとして始まったヒトゲノム研究も，21世紀の変わり目からは，国際動向をも考慮して生命倫理的諸問題を真剣に検討する必要が生じてきた。そのさきがけの一つが，国連教育科学文化機関(UNESCO：ユネスコ)での議論である。日本でも1995年「科学の責務協会日本支部」と「ユネスコ国際生命倫理委員会」が合同会議を開いている。ユネスコの「ヒトゲノム保全宣言」には，全部で21項目が述べられているが，その中で，「福祉」および「障害」の語が入ったものを挙げてみたい。「5.理性の重要な機能としての研究は，人類遺伝学の分野で人間の悩みを緩解し，福祉を改善する働きがある」と「11.国はヒトゲノムの研究が知識の進歩と病気，障害の予防に貢献するかぎり，その研究に有用な知的，物質的資源を保証するものとする」の二つである。

1997年11月までのユネスコを中心とした議論は，1999年には国連総会における「ヒトゲノム宣言」につながった。そして，これが日本での倫理規定の基にもなったのである。すなわち，われわれには遺伝情報を知る権利，知らされない権利，知られない権利があり，「ヒトゲノム研究とその成果は，一方で人間の「生命」を操作することにつながり，他方で個人の遺伝的特徴に基づいた尊厳や人権が著しく損なわれる危険性を生むなど，大きな倫理的・法的・社会的問題を引き起こすことがある」というのである。このことは，上述の国連の「ヒトゲノム宣言」を踏まえ，2000年6月14日に発表された我が国のヒトゲノム研究のルールとしては，最も基本となる科学技術会議生命倫理委員会が取りまとめた「ヒトゲノム研究に関する基本原則について」にも当てはまるものであった。

さて，福祉と関連する事項は，「研究責任者の責務」の中の細則に端的にみられる。「資料等提供者が精神・知的障害を伴う疾患の場合に関する細則」は，試料提供者が，治療または予防方法が確立していない単一遺伝子疾患であって，精神・知的障害を伴うものである場合には，研究の必要性，当該提供者に対する医学的・精神的影響およびそれらに配慮した研究方法の是非等について，研究責任者は特に慎重に検討し，また，倫理審査委員会は，特に慎重に審査しなければならない，としている。とはいえ，ゲノム研究に使われる試料の提供者に対して，とくに精神・知的障害，認知症など当事者に対してどのようなインフォームド・コンセントをおこなうのか。さらに，得られた場合の情報の開示，使用，保管の場面で倫理的問題が考えられるという指摘は，従来からしばしばみられるものである。

ゲノム研究の成果は，雇用や保険加入の問題と関わることが予想される。たとえば，次のように考えられている。雇用については，ゲノム検査の結果から特定の遺伝性疾患が明らかに場合，採用時に発現がみられなくとも将来の発症を理由に採用を拒絶する可能性がある。保険加入に関しても，遺伝情報から考えられる遺伝性の疾患を根拠に保険契約を拒否したり，不当な保険料の請求を求められることがあるかもしれないということである。こうした遺伝子レベルでの知見を利用した形の差別が起こり得る。ここに遺伝的特徴に基づく差別禁止と市場原理の調整という問題が生じる。

アメリカのスタンフォード大学の保険学者グリーリイ(Henry T. Greely)は，「遺伝的疾患の危険性が低い人の健康保険料が引き下げられるようになり，遺伝的疾患が予想される人はより多くの保険料を支払うか，あるいは，保険への加入が拒否される事態が現実のものになりつつある」としている。もっとも，これはアメリカ特有の保険制度から生じる問題ではあるが，逆に，遺伝情報への対応からアメリカの保険制度が透けて見えるともいえるものである。

(2) メンタルヘルスの場合

現代社会において，精神疾患は原因の見通しがついている場合，薬物療法や認知行動療法の進展により，従来より飛躍的に寛解が増したと捉えられる。しかし，原因の特定が困難な場合や症状が定まっていない場合などでは，服用した薬物の副作用による重度化や患者の家族・地域の退院後の受け入れに対する拒否的な態度から社会的入院の問題も深刻である。生活のしずらさという福祉的観点，精神疾患を患っている病者という医療的観点の双方から考える必要が精神的疾患については，生命倫理の領域でも視野に収めなければならないだろう。

元来，精神疾患は精神科医と患者が向き合い，医師が患者の成育歴や生活歴，家族歴などを聞き取りながら，状態像を確定し，診断名をつけていた。しかし，1980年代以降は，マニュアル化が進み診断基準に従った薬物療法を中心とした治療が行われ，医師と患者の関係性は希薄となってしまった。患者は，精神疾患に病んでいる一人の人間ではなく，精神疾患という一つの病気をもつ人間になってしまったのである（松本雅彦，『日本の精神医学この50年』，みすず書房，2015年）。2015年にはDSM-Vが刊行された。このDSMというのは精神障害診断統計マニュアル（Diagnostic and Statistical Manual of Mental Disorders）のことである。

簡単に代表的な精神疾患の特徴を挙げておこう。

統合失調症

精神疾患の代表が統合失調症である。発症率は80から120人に1人，目安として約1％である。知能や意識に障害はみられず，知覚や思考が障害されている場合が大半である。起こりやすい時期である好発期は，10代半ばから30代前半である。頭痛や疲労感，消化器系の不調などの身体的な訴えがから始まる場合多い。

統合失調症は，破瓜型，妄想型，緊張型の3つに分類されることがしばしばである。破瓜型は，感情が平板化していることや意欲の低下がみられることが特徴である。妄想型は，妄想を特徴とする。緊張型は，神経性の運動障害がみられ興奮や混迷の状態が見られる。発症年齢からいえば，破瓜型，緊張型，妄想型である。しかし，最近では他の疾病と同様，早期発見早期治療で回復している場合も少なくない。

現在，年間約35万人を数える統合失調症患者は，一般に精神科病棟では入院から3か月以内で約65％が退院をしている。その退院後の行き先の4分の3は実家である。入院期間が長くなると，家族の拒否的な態度も強まり，他の病院への転院，場合によってはグループホームでの生活も増えている。

躁鬱（そううつ）病

これまで「躁鬱病」と呼ばれていた診断名は近年では「双極性感情障害」と呼ばれることが多くなってきた。まず，代表的な症例から理解をしておくことが望ましい。双極性とは，「そう」の状態の爽快な気分や興奮，多動，多弁。「うつ」の状態では，抑うつ気分，さらに食欲不振や倦怠感，疲労感，睡眠障害，性欲減退などが指摘されている。日内変動がおこることがしばしばで朝が不調である。患者調査からは40万人を上回る程度であるが，潜在的には300万人を超えると言われている。極めて軽症から重症まで多様である。

近年では，単に抑うつ状態という「メランコリー親和型」ばかりでなく，周囲との協調性に乏しく，無責任で自己中心的，やる気に欠ける「ディスチミア型」の増加が顕著である。

そう状態では，「観念奔逸（ほんいつ）」がみられる。思考が次から次に進んでいってしまい，当初考えていたような論理的な展開ではなくなってしまうものである。一方，うつ状態では，意欲が低下し，動作が緩慢になってしまう。

こうした気分障害に対しては，まず薬物療法が試みられる。それでも効果が芳しくない場合では認知行動療法が利用されることが多くなってきた。環境を改善してみることである。いきなり住まいの転居ということではなく，たとえば，職場では人間関係を変えるための転勤，転属も環境改善に含まれる。これにより，うつ病の症状の改善や回復へ至る効果も数多く報告されている。

アルコール依存症

アルコール依存症にも一定の理解が必要である。酒は百薬の長といわれるように適度の飲酒を保っていれば，まったく飲酒をしない場合に比べて有効なことがある。しかし，アルコール依存症は，男性で1.9%，女性で0.1%，成人以上の実数としては日本全国に80万人以上存在すると見積もられている。また，近年では妻の「キッチンドリンカー」（必ずしも台所で酒を飲むということではなく習慣的に飲酒をする女性）の増加から，女性のアルコール依存症の増加が目立つようになってきた。

酒の主成分であるアルコールの飲用が長期にわたるとさまざまな症状が生まれることがある。その一つに離脱症状がある。その代表が「振戦せん妄」であり，虫のような小動物がみえる「幻視」の訴えがしばしばみられる。実在しないこうした小動物をつまんでみたり，払いのけたりする行為もみられる。

アルコール依存症でみられる精神障害には，「アルコール幻覚症」や「アルコール性嫉妬妄想」が知られている。「振戦せん妄」の特徴が「幻視」であるのに対して，アルコール幻覚症は，本来聞こえないものが聞こえたとする「幻聴」

である。「お前なんか死んでしまえ」のような強烈な内容が聞こえたという訴えもある。アルコール性嫉妬妄想は，パートナーの行動に対する疑いが顕著になり不倫などの性的モラルを勘ぐる妄想へ至り，夫婦関係の崩壊につながることもある。また，アルコール依存症ではうつ状態が多く見られるようになっている。

2000年から国家を挙げて動きとして「健康日本21(21世紀における国民健康づくり運動)」を掲げ，そこでは多量飲酒者の減少，未成年の飲酒をなくす，節度ある飲酒を目標量の数値化も行っている。とはいえ，アルコール依存症ばかりでなく，他の薬物やギャンブル名などに依存する嗜癖(しへき)(アディクション)は，本人自身も家族もそれを疾病とは認めることが困難な場合がある。それが逆に治療の遅れに繋がっていると思っている。

そして，2013年に改正(健康日本21第二次)が行われ，飲酒については以下のように述べられている。「飲酒は，習慣病を始めとする様々な身体疾患や鬱病等の健康障害のリスク要因となり得るのみならず，未成年者の飲酒や飲酒運転事故等の社会的な問題の要因となり得る。……国は，飲酒に関する正しい知識の普及啓発や未成年者の飲酒防止対策等に取り組む」。

[4] インフォームド・コンセント

(1) 医師と患者の関係

われわれが痛みや苦しみ，不快感，不調などを訴えて病院に行き，医師の診断や治療を受ける場面を思い浮かべてみる。そこに，医師と患者の関係を考えることができる。診察室では医師と患者は対等ではなく，患者は一切を医師の判断に任せ医療行為を行ってもらうのが一般的のように見える。そこは，あたかも子供が父親の言うことを言われるがままにしているような態度で「パターナリズム(父権主義)」とよばれる。

この医師と患者の関係を考えるとき，引合いに出されるのが古代ギリシアの医師でしばしば「医聖」とか「医学の父」とよばれるヒポクラテス(Hippokrates B. C. 460～377年)である。彼に「ヒポクラテスの誓い」とよばれるものがある。医師の職業上の態度，倫理的な自主規制を医神アポロンやアスクレピオス，癒しの女神ヒュギエイアやパナケイアに誓う形をとっている。患者に対して医師は自らの能力と判断力の限りをつくして患者の利益となる養生法をとり，「これは患者の福祉のためにするのであり，加害と不正のためにしないようにつつしみます」と述べている。さらに，「致死薬は，誰に頼まれても，けっして投与しません」「婦人に堕胎用器具を与えません」(小川政恭訳『古い医術について』岩波文庫，1963年)などの言もみられる。

今日では，この誓いが実際にヒポクラテス，あるいはヒポクラテス学派が述べたかどうかについては疑問が出されているが，ヨーロッパでは中世以来，医師の倫理の基本的精神を示すものとして捉えられた。とくにイタリアのサレルノやフランスのモンペリエで医学教育が整備されるようになり医師の量的拡大が生じた際，医師の倫理の問題が顕著になったという。11世紀にシチリア王国(現在のイタリア)で医師免許制度が生まれ，次第に整えられていった。そして，14世紀には大学制度の進展とともに王権あるいは教皇権により医師免許が授与されるようになった。職業医師の誕生である(川喜田愛郎『「医の倫理」の史的考察』科学医学資料研究，1985年)。19世紀後半からはヨーロッパの大学医学部で医学生が実際にこの誓いを読み上げる習慣ができ上がったという。

要点は，医学の知識と技術を学んだものは，それを患者を救うためのみに全力を尽くして使うことを自らに課するということになる。そこから医療現場における判断は専門知識や技術をもつ医師に全面的に委ねられる，あるいは医師が患者に代わって判断することになる。医師と患者の関係は対等ではなく，医師は患者の生殺与奪を握っており，患者は受動的にそれに身をまかす存在でしかない。また，患者にも医師にこうした権威を求めているようにも思えるふしがあった。ここに，前述の「パターナリズム」の問題が生じる。

そこで，医者と患者の関係はどのように考えられているのか代表的な考えをみていこう。

一つは，医師は患者の疾病を医療行為を通じて技術的に対処し，さらに医師と患者との間の人間関係を形成していくというものである。医療は医師と患者の人間関係の上にのみ成り立つという考えがある。その際，3つのモデルが提出されている。

能動性―受動性モデル

これは瀕死の重傷を負った場合や麻酔を掛けられて治療が行われる患者をイメージすればよい。この場合，医師と患者の関係は医師が絶対的な立場に立つことになるだろう。逆に患者は受動的に留まる，あるいは留まらざるを得ない。類比としては，親と乳幼児との関係とみることができる。

指導―協力モデル

これは患者に意識があり医師の説明も理解できるが，一定期間の高熱や激痛のため具体的な対処ができない場合を想定している。しかし，この場合医師から病状を脱する仕方をアドバイスされれば，患者は能動的に病状と戦い，疾病の治療を受け入れることが可能である。したがって，医師は患者に対して指示，勧告を含む能動的態度で臨み，患者も医師の説明を受け入れつつ能動的に，協力的に病気に取り組むことができる。類比としては，親と青年期の子供との関係とみることができる。

相互参加モデル

これは持続的な苦痛がない場合である。糖尿病や高血圧症などの成人病，リハビリテーションを受けている場合が念頭に置かれる。医師と患者は相互に独立で，医師は患者に援助をし，患者は自己管理をしていく。成人同士の関係と類比できるものである(田中伸司　医師：患者の関係『バイオエシックス入門』今井道夫，香川知晶編　東信堂，1992年)。

このように，医師と患者の関係も患者の状況や病状に応じた適切なものが求められることになる。

(2)　インフォームド・コンセントの成立と展開

インフォームド・コンセント

先端医療技術の進展は，従来の医師と患者の関係を見直す契機となった。この技術を駆使しても，高額な医療費を支払っても病状に改善が見られない場合や，効果が実感できなければ医師に不満を表したり不快感をもつこともあるだろう。医学的には最善と思われる治療法も，患者や家族にとっては受け入れ難い場面も考えられる。さらには，特に米国でみられるように医療裁判(医事訴訟)が増加していることや正確さはともかくインターネット・ソーシャルメディア等の利用により国民の医学的知識が高まっていること，治療の仕方が多様化したことなども考えられる。こうした背景から，日本でも1990年代に入ってしばしば聞かれるようになった言葉が「インフォームド・コンセント(Informed Consent)」である。患者は医師から病状や処置についての説明を受け，それに同意できるものに対して医療行為が行われることで，「説明と同意」と訳されることが多い。患者自身が医療行為の方針を決める，すなわち，患者の「自己決定権」を尊重しようという考えを反映している。

こうした考えは，1970年代に入り米国を中心として急速に社会的に浸透していくが，その前史は19世紀末からみられる。「インフォームド・コンセント」の歴史を一瞥しておこう。

今日議論されるインフォームド・コンセントの端緒は，「医師の治療行為には患者の同意が必要であり，同意のない治療は違法である」とした1894年のドイツの最高裁判所(ライヒ裁判所)の判断であるという(鈴木恒夫　インフォームド・コンセント『バイオエシックス入門』今井道夫，香川知晶編　東信堂，1992年)。これは，7歳の娘の足の切断を父親が拒否したにもかかわらず実施した医師に対するものであった。

20世紀に入ってからも同様な裁判所の判断は欧米でみられる。1914年にはニューヨーク州最高裁判所で「成年に達し，健全な精神をもつ人はだれでも，自分の体に何がなされるかを決定する権利をもっている。患者の同意を得ずに手術を行う外科医は，暴行を犯しているのであり，これについて損害賠償を負う」としていた。また，1931年には前述のライヒ裁判所では，出産の可能性がなくなることを告げずに子宮の手術を行った医師に対して「患者が手術を受けるかどうかを決めるのに重きを置いている結果について患者に教えることは，良心的な医師の義務である」と判断していた。

これらの経緯を経て，今日のインフォームド・コンセントの考えが生まれる直接的な経緯が，ナチスの大量虐殺の過程でみられた人体実験に対する1945年11月から翌年10月まで続いた「ニュールンベルグ裁判」であった。そして，そこではナチスの行為に対する批判，倫理，反省をこめて1947年に「ニュールンベルグ綱領」が示された。

ニュールンベルグ綱領

1 研究対象となる人間の自発的承認が絶対に重要である。これはその人が承諾を与えるだけの法的能力をもっていなくてはならないこと。暴力，詐欺，虚偽，強要，出し抜き，あるいはその他の形での圧迫，強制がなく，自由に選択できる条件下でなければならないし，理解した上でまちがいのない決定を下すだけの十分な知識と，当該問題の諸要素についての理解を被験者がもっていなくてはならないことを意味する。

⋮

4 実験はすべての不必要な身体的・精神的苦痛や障害を避けるようにして行われなくてはならない。

5 あらかじめ死亡や機能的障害を引き起こすことが予想される実験を行ってはならない。

⋮

9 実験の進行の途中，被験者が実験の続行が自分にとって不可能な身体的・精神的状達したと認めた時は中止を求める自由を持っていなくてはならない。……

(水野肇『インフォームド・コンセント』中公新書，1990年)

これらの内，「十分な知識と，当該問題の諸要素についての理解を被験者がもっていなくてはならない」の言説が，その後にインフォームド・コンセントという語につながっていくと捉えられている。この綱領は欧米の医師に大きな影響を与えた。そして，これを受け医師の職業倫理の規定という形でまとめられていく。すなわち，世界医師会は1948年，ジュネーブにおける第2回総会において「ジュネーブ宣言」を採択した(1986年第22回総会，シドニーで修正)。そのいくつかを挙げておこう。

ジュネーブ宣言

・私(＝医師)が自分の生涯を人類に奉仕することを厳粛に誓うものである。

・私は良心と尊厳をもって医業に従事する。

・私は第一に患者の健康について考慮を払う。

・私は受胎の瞬間から，人命を最大に尊重する。

・私は他からの拘束を受けず，自分自身の名誉にかけてこれらのことを厳粛に約束する。

(中山研一・石原明編著『資料に見る尊厳死問題』日本評論社，1993年より，一部改変)

この宣言の翌年のロンドンにおける第3回世界医師会総会では「医の倫理の国際規定」が採択された(1986年第22回総会，シドニーで修正)。これには「医師の一般的な義務」，「病人に対する医師の義務」，「医師相互の義務」からなるがこの内，「病人に対する医師の義務」は次のようである。

病人に対する医師の義務

・医師は常に人命保護の責務を心に明記しなければならない。
・医師は患者に対し誠実を尽くし，自己の全技能を注がなければならない。診療や治療に当たり，自己の能力が及ばないと思うときは，それに相応した能力のある他の医師を呼ぶように努めるべきである。
・医師は患者の信頼によって知り得たすべての秘密を，絶対に守らなければならない。

などの言がある。そして，1964年にはヘルシンキで開催された第18回世界医師総会で今日のインフォームド・コンセントの原点と考えられている「ヘルシンキ宣言」が採択された(1975年第29回総会，東京，1983年第37回総会，ベネチアで修正)。この「ヘルシンキ宣言」は正式には「人間における生物医学的研究を行う医師の手引きのための勧告」といい，「序言」，「基本原則」，「専門的ケアに結びついた医学研究(臨床研究)」，「治療に無関係な生物医学研究(非臨床的生物医学的研究)」から構成されている。

「序言」に，医師の使命は健康をまもることにある。医師の知識と良心はこの使命遂行のためにささげられると述べられ，「基本原則」にインフォームド・コンセントの考えを明瞭に見ることができる。

ヘルシンキ宣言

5 すべての人間を対象とする生物医学的研究の計画を立てる前に，その対象となる人その他の人に期待される利益と対比した上で，予想されるリスクを注意深く考慮しなくてはならない。対象となる人の利益に対する配慮が科学と社会との利益につねに優先しなければならない。

10 研究計画に対する，説明された上での同意を得る場合，医師は対象となる人が医師に対して依存関係にあるかどうか，あるいは強制の下での同意ではないかどうかをとくに考慮しなくてはならない。そのようなおそれのある場合はその研究に従事していない，そして職務上全く無関係な立場にある医師が説明して同意を求めるようにしなくてはならない。

11 法律上の能力を欠いている場合は，説明された上の同意は法的に認められた保護者によって与えられなくてはならない。身体的あるいは精神的に，説明を聞いた上での同意を与える能力のない場合，あるいは幼年者の場合はその国の法律の定める責任ある近親者が研究対象となる人の代理を努めることになる。もし幼年者が実際に同意を与える能力を持つ時は，法定代理者の同意に加えて本人の同意も得ておかなければならない。

(水野肇『インフォームド・コンセント』中公新書，1990年)

この「ヘルシンキ宣言」は，米国で1960年代の人権運動の拡がりなど社会の動向に影響を受け，より「患者の権利」という側面が押し出されるようになる。そして，1973年には米国病院協会が「患者の権利章典」を発表した。12項目から構成されている。そのいくつかをみておこう。

患者の権利章典

1 患者は，思いやりのある，丁重なケアを受ける権利を有する。

2 患者は，自分の診断・治療・予後について完全な新しい情報を自分に十分理解できる言葉で伝えられる権利がある。

3 患者は，何らかの処置や治療をはじめる前に，インフォームド・コンセントを与えるのに必要な情報を医師から受ける権利がある。

4 患者は，法が許す範囲で治療を拒絶する権利があり，またその場合には医学的にどういう結果になるかを知らされる権利を有する。

5 患者は，自分の医療ケアプログラムに関連して，自己のプライバシーについてあらゆる配慮を求める権利がある。

6 患者は自分のケアに関連するすべての連絡や記録が守秘されることを期待する権利を有する。

このようにインフォームド・コンセントは，医師と患者の関係において伝統的なパターナリズムに代わるものとして誕生してきたのである。出生前診断やがん，臓器移植，脳死などの深刻な場面ばかりでなく，医薬品の臨床試験や通常の医療的な場面でもインフォームド・コンセントの実行が望まれている。しかし，実施に関しては疑問も提出されているのが現状である。

インフォームド・チョイス

インフォームド・チョイスとは，インフォームド・コンセントよりさらに患者の自己決定を尊重したものである。1990年代後半から関心がもたれるようになった。インフォームド・コンセントは，患者中心の医療と云うよりも医療従事者側の方針を患者に説明し，同意してもらう。医療者側の説得の色彩が強いという批判があった。その難点を克服し，より患者本位の医療を目指すのがインフォームド・チョイス（Informed Choice）である（鎌田實，高橋卓志著『インフォームドチョイス　成熟した死の選択』医歯薬出版，1997年）。

これは，インフォームド・コンセントと同様，医療従事者から患者へ病状等の説明が可能な限り患者の理解できるような平易に行われる。従来は，そこから医療従事者側の治療方針が述べられたのだが，インフォームド・チョイスでは，複数の治療手段・方法の提示が行われる。その際，各治療法の費用や予後などを含めたメリットやデメリットも説明される。その上で，患者は自身が望む治療法を選択するのである。そのため，インフォームド・コンセントよりも患者の自己決定が実現すると捉えられる。

もっとも，患者の選択と医療従事者が最善と考える治療法が一致するとは限らない。しかし，患者側の選択が最重要と考えるのである。さらに，新たな考え方として，医療従事者と話し合いながらともに治療方針を決めて行くSDM(Shared Decision Making)も唱えられている。ともあれ，全体の動向として自己決定を念頭にインフォームド・コンセントからインフォームド・チョイスへ移行が進んでいる様子が見て取れる。

[5] リビング・ウィルと自己決定権

(1) 自己決定の考え方

自己決定を文字通り考えるとどんなことでも自分で決めたい，決めることということであろう。しばしば「自己決定主義」とも呼ばれるものである。いくら医師からインフォームド・コンセントないし，インフォームド・チョイスを受けたとしても自分のことは自分が一番知っている。他者に自分のことが決められてしまうのはたまらない。あるいは，医師が最善の治療法と勧めても治療が不調に終わる可能性がある，延命できても社会参加からは遠のいてしまうかもしれない，医療費の支払いが困難などの問題などもあるだろう。

また，医師にとっても医療行為に「正解」はない。要は，患者本人，親族・関係者等が気持ちよく納得できるかどうかが大きな問題という。医療裁判が頻発するアメリカでは，患者から訴訟を起こさせないためにも患者が責任を負う患者本人の自己決定が重要という考えがある。

これらとは視点を変え，障害者の自己決定を考えてみよう。1970年代初頭，アメリカ西海岸から始まった「障害者自立生活運動」では，障害者本人が生活の主体者になっていくそのための手段が自己決定であった。すなわち，支援者の意に沿った生活をしたくない，逆に支援者が障害者の思うように動いてもらいたいということではなかったのである(岡部耕典「自己決定」とソーシャルワーク 障害学の視点から，精神保健福祉，45巻4号，2014年)。

また，知的障害者や精神障害者は自己決定できるのかという問題がある。その場合もできる，できないという形で分けるのではなく置かれた場面や状況，事柄を考慮し，できる場合もあればそうでない場合もありうるという柔軟な見方が必要となってくる。成年後見人，第三者代弁人などの法的制度の理解と活用の仕方を学ぶことはこうした自己決定を考える上でも有意義である(齊藤敏靖 自己決定を支援する法制度の必要性，精神保健福祉，45巻4号，2014年)。

(2) リビング・ウィル

自己決定権とは複数の選択肢の中から一つを自らの意志で，すなわち，他人から強制されずに選びだす権利である。一方，自己決定を行うためには，生前に自らの意志を明確に表明しておく必要があるだろう。これが「リビング・ウィル(Living Will)」である。また，人間には各自，自分の人生は自らの判断で決定する自由と権利があるという考え方からは，リビング・ウィルの第一の主張が自己決定権ともいえる。

米国では，1930年代末に安楽死協会が設立され，安楽死の社会的浸透を試みていた。第二次世界大戦後もその活動が注目されていたが，反対論は根強かった。そこで，1967年には米国の安楽死協会が安楽死教育基金財団を設立し，大規模な教育宣伝活動を開始し，大量の文書を配付した際，安楽死協会幹部の一人が起草した文書の一つが「リビング・ウィル」であるという。

リビング・ウィル

私の家族・私の医師，私の弁護士，私の牧師へ，私が治療を受けるかもしれない医療施設へ，私の健康，福祉，事件に責任をもつかも知れない人へ。

死は生誕，成長，成熟，老齢と同じ現実であります。それは人生における一つの必然であります。私が，自分自身の将来についての決定にもはや参加できなくなるときがきたとすれば，このステートメントを，私がまだ健全な精神状態にあったときの私自身の願望の表明として，認めていただきたいのです。

肉体的もしくは精神能力の喪失からの回復に，確たる見込みがないような事態がおこったならば，私に死が許され，人工的処置または“特別の処置”によって無理に生かしておくようなことがないことをお願いします。私は死をおそれません。むしろ資質の低下や，他人への依存や，絶望的苦痛による不名誉をおそれます。

このステートメントをつくった私の強い信念にしたがって，私自身が責任をとるとの意図にでたものと，私は理解しています。

本人署名

日付および証人

（日本安楽死協会編『安楽死国際会議の記録　安楽死とは何か』31書房，1977年）

日本では「治療を受けるか拒むかという意思決定の性質及び結果を理解する能力のある者が，将来死を間近に控えた時に自分に対して行なわれるであろう医療について，たとえその医療を受けることによって自分の死を遅らせたり，防いだりすることができるとしても，その治療を拒むとする事前の意思表示をいう」と解説されている(厚生省医務局編『生命と倫理に関する懇談』薬事日報社，1983年)。

日本尊厳死協会(安楽死協会を改称)では訳語を，「尊厳死の宣告書」としている(日本尊厳死協会編『誰もが知っておきたいリビング・ウィル』人間の科学社，1988年)。

1983年の米国大統領委員会では「延命医療を拒絶する旨の事前の意思表明」には，リビング・ウィルとして，以下のようなモデルを示している。

宣　言

宣言は　年　月　日に作成された。

私(個人名)は，正常な判断能力を有し，自らの意思で，自発的に，以下のような状況の下で，私の死が人工的に延期されることがないことが私の希望であることを表明し，これを宣言する。

もし，私が二人の医師(その内一人は私の主治医である)により診察を受け，不治であると証明される外傷または疾病を被った時，そして医師達が，延命措置を行おうと否とに関わらず私は死に至り，延命措置の実行は単に死の過程を人工的に延ばすだけであると判断した時，私はこのような措置を控え，あるいは中断することを指示し，快適なケアのために必要であると見なされる投薬と，医学的措置のみにより，自然死に至ることを許されるべきことを定める。

私はこの宣言の意義を十分に理解し，感情的にも，知的にもこの宣言を行うに耐えるものである。

署名

住所

宣言は，本人により私に知らされた。また私は彼(女)が正常な意識状態にあると考える。

証人

証人

(厚生省・日本医師会編『末期医療のケア―その検討と報告』中央法規出版1989年，中山研一・石原明編著『資料に見る尊厳死問題』日本評論社1993年より，一部改変)

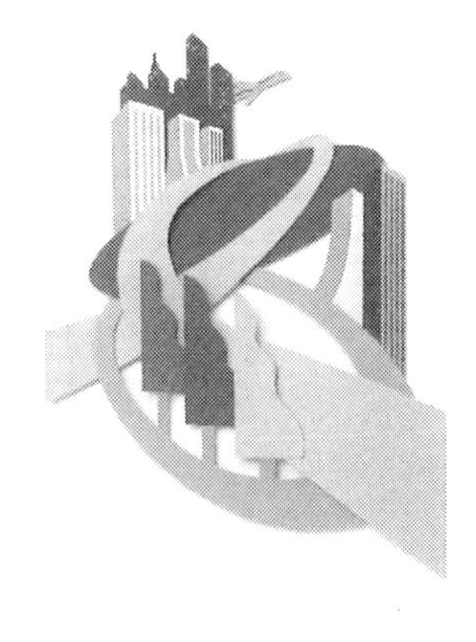

Ⅳ部

終末期への対応と死の諸相

[1] QOLとホスピス，緩和ケア

(1) 終末期患者の心理とQOL

医学的経験から，極めて近い将来死が見込まれる患者に対し何をすべきか，あるいはすべきでないか，あるいはどのような医療が可能なのだろうか。これらを検討し実行するのが「終末期医療(ターミナルケア Terminal Care)」の問題である。近年の医療技術の進展，とくに生命維持装置などの機器の開発から患者の意識の有無に関わらずとりあえず心臓の停止を一定期間回避することが可能になってきた。ベットの上に横たわり何本ものチューブが生命維持装置に繋がれている患者の状態は「スパゲティ症候群」などとよばれる。終末期医療は，末期がん患者の事例が多く知られている。また，延命治療や尊厳死，安楽死の問題とも関連するものである。

一般に終末期医療とは医学的な治療が困難になった時期から亡くなるまでの看護や支援のことを指している。論者によってその期間は必ずしも一致していないが，多くは死亡半年ないし2〜3月前の間である。

このような終末期を迎えた患者の心理はどのようなものだろうか。これについては本書がん告知の章でみたように(p.97)キュブラー・ロスが著し反響をよんだ『死ぬ瞬間』に掲げられている。

否認 ⟶ 怒り ⟶ 取り引き ⟶ 抑うつ ⟶ 受容

という図式が頻繁に利用されている。ただし，日本のホスピスにおける末期患者66人に対する調査では，次のような結果である。

表4 末期がん患者の精神症状(%)

1	いらだち	38	6	痴呆	17	11	怒り	12
2	不穏	26	7	孤独感	14	12	恐れ	9
3	不安	24	8	ひきこもり	14	13	拒絶	3
4	混乱	23	9	幻覚・妄想	14	14	躁状態	2
5	さびしさ	20	10	うつ	12	15	自殺念慮	2

(淀川キリスト教病院 ホスピス編『ターミナルケアマニュアル第2版』最新医学社，1992年)

がんが進行し，複数箇所あるいは全身に転移している患者の最大の問題は「痛み」である。こうした患者の約70%が苦痛を訴え，その内50%は激痛であるといわれる。また，痛みは持続することが多く，そのため睡眠の不足，食欲の減退，身体の衰弱が生じる。こうした状態になるとQOL（Quality of Life 生活の質，生命の質）を考慮し，その終末期患者個人に即した治療（キュア）や看護（ケア）が必要になってくる。QOLは元来末期のがん患者に対する対応から出てきた言葉であった。

QOLの訳語として「生活の質」や「生命の質」の両方が用られることがあるが，どちらかと断定することは好ましいことではない。人間には，この両面を対等に考える必要があるからである。考え方としては，QOLを「よりよく生きるための条件がいかに整っているか」とした場合，QOLが高いとは「その可能性がより広がっている」ことである。もう一つは，「現にいかに生きているか，あるいはよく生きているか」と捉えるものである。

QOLの評価として，生活の質と考えた場合，日常生活における患者の機能ないし能力とそれから生じる満足感という意味と考えることができる。満足感は患者が主観的に評価するものであるが，機能ないし能力は患者の主観を尊重しつつ，ある程度客観的な評価ができる。生命の質とした場合には，自分の生に対する満足感を意味する。患者が主観的に評価するものである（石川邦嗣　癌医療におけるQOL「生命倫理」2巻1号，1992年）。

ここから病院でのキュアを中心としたものより，慣れ親しんだ家庭に戻り家族からのケアを中心とした方が，終末期の患者にとってはQOLが高いと考える場合もみられるようになっている。不安が少ない，病院よりも自由度が大きい，身体的束縛も少ないなどの理由が挙げられる。

(2)　ホスピス，緩和ケア

一般に終末期医療を行う施設がホスピス（Hospice）あるいは「緩和ケア（Palliative Care）病棟」とよばれている。「がんなどの末期患者の肉体的・精神的苦痛を近代医学の治療中心的な方法によって治そうとするのではなく，医学の力を借りながら精神的サポートを重視した患者ケアを行い，残された日々の質的向上を図ることを目的に運営されている施設」と解説されている（厚生省医務局編『生命と倫理に関する懇談』薬事日報社，1983年）。

ホスピスとは，中世ヨーロッパにおいて，キリスト教の聖地エルサレムへの巡礼の際，巡礼者に宿の提供や病気の看護等の暖かなもてなしを行った家のことを指す。語源としては歓待，宿舎などの意味があるラテン語のhospitiumに求められる。17世紀にフランスに，19世紀中葉にはアイルランドに死に向かう人のためのケア施設が作られていたという。今日のホスピスの原型は，1899年にニューヨークに創設されたカルバリー病院である。そして，これを参照して1967年に末期がん患者のケアを対象として英国に設立された聖クリストファー・ホスピスが現在のホスピスの発端といわれている。1970年代に入ると米国で急速に拡大し，世界的に広まった。

日本では1981年静岡県の浜松市に設立された聖隷(せいれい)ホスピスが最初である。ここのパンフレットには，ホスピスの定義として「肉体的な苦痛を取り除くための治療をするだけではなく，精神的な苦痛・孤独・不安などを軽減し，患者や家族とともに，生命の意義を考えつつ，最後まで人間らしく，尊厳をもって，有意義に生きぬくことができるように援助していくところです」と述べられている。2003年末までに厚生労働省が認可したホスピスは全国で200を超えた。2015年ではホスピス機能をもつ施設が日本全体で357，病床数は7,184と報告されている。

また緩和ケアとはWHO（世界保健機関）の定義では「治療を目的とした治療に反応しなくなった患者に対する積極的で全人的ケアであり，痛みや他の症状のコントロール，精神的・社会的・霊的な問題のケアを優先する」である（柏木哲夫『死を看取る医学』日本放送出版協会，1997年より）。

日本でも，ホスピス・緩和ケアに関する研究会が1970年代から相次いで発足するようになった。次のようである。

「日本死の臨床研究会」（1977年発足）。医師や看護師は「肉体的生命を助けるのに懸命になり，死にゆく人の心や家族の心を忘れがちである。このような死にゆく人に対してどのような援助あるいは看護をすればよいかということは，死の臨床にとってきわめて重要なことであり，平和に安らかに死なせるような方法を研究すべき」と発足の世話人代表は述べている。

「ホスピスケア研究会」（1987年発足）。「ホスピスケアの考え方，症状のコントロールの方法について看護師がもっと知識をもち患者さんの苦痛が軽減されるようにケアの質の向上をめざす」ことを目的としている。

「日本サイコオンコロジー学会」(1987年設立)。がん患者の「QOLを高めるための疼痛治療をはじめとする症状のコントロール，機能回復訓練，精神的ケア，患者の満足度などについての評価測定法や倫理的指針などの作成に目標をおき，全人的医療の推進と研究に寄与」するとしている。

「日本がん看護学会」(1987年設立)。がん看護の高度・複雑化が促進している現状を踏まえ，「がん看護に関する研究，教育および実践の発達の向上に努めることを目的」としている。

「日本臨床死生学会」(1995年設立)。「死にゆく者や死別に伴う悲嘆のケア」，「難治性致死的疾患など日々死と隣接している患者やその家族のケア，脳死や植物状態による患者の家族のケア，災害など不慮の死による残されたもののケア」など，「臨床の場における死生をめぐる全人的問題をメンタルヘルスの観点から学際的かつ学術的に研究し，その実践と教育を行うことにより，医療の向上に寄与すること」を学会の意義と目的にしている。

「日本緩和医療学会」(1996年設立)。「がん患者の全過程を対象としたQOLの尊重の医学・医療である緩和医療の専門的発展のための学際的かつ学術的研究を促進し，その結果を広く医学教育と臨床医学に反映することを目的とする」と述べている。(日本のホスピス・緩和ケアを創る「ターミナルケア」8巻6月号別冊，1998年)

また，近年QOLを考慮した場合前記のホスピス・緩和ケア病棟よりも家族による介護を中心とした在宅ホスピスケアに対する関心も高まっている。その際の条件やメリット，デメリットについては以下のような事項が指摘されている。

在宅ホスピスケアの条件

・医療側の条件

医師の訪問診療や往診があること

訪問看護師の訪問があること

緊急時の入院施設の保証があること

・患者側の条件

患者，家族が在宅ケアを望んでいること

痛みや呼吸苦などの症状が自宅で過ごすことができる位軽減されていること

家族に支える力があること

在宅ホスピスケアのメリット・デメリット

・メリット

あくまで自由が保障されている

家族が常にそばにいることにより安心を得ることができる

介護の中心が家族なので患者の意思が十分に尊重されやすい

・デメリット

症状の急変や症状の悪化に十分な対応が困難な場合がある

家族の介護負担，経済的な負担が大きい

チームケアにおいて円滑にコミュニケーションをとるのが難しい

（田中英雄『在宅ホスピスガイドライン』第一法規出版，1996年）

[2] 死の判定基準と脳死

「死」とは，「生物が生命を失うこと」と定義されている。ここで，「生物」とは「生命現象を営むもの。ただし生命は生物の本質的属性と定義されるので，両者の関係はトートロジーとなり，この問題は古くから議論がある」と説明されている（『岩波生物学事典第４版』岩波書店，1996年）。しかし，こうした科学的説明を理解していなくてもわれわれは明瞭に生と死の区別ができる。

動いていない，触って冷たい，刺激を与えても反応しない，このような状態の高等動物に接すれば，子どもでも「死んでいる」と判断するだろう。そして，通常われわれが了解している死の判定基準は，「死の三兆（徴）候」とよばれるものである。すなわち，呼吸の停止，心臓の停止，瞳孔の散大（瞳が開いたままの状態）の3つの要件を満たしたときである。医師が「死」と判定し，「死亡診断書」（病気の場合）あるいは「死体検案書」（事故の場合）に記載するのもこれらの要件を確認してからである。死の「三兆（徴）候」を単に「心臓死」という場合がしばしばある。

（1） 脳　死

死の医療化，すなわち，病院で一生を終える人が年々増えてきている。たとえば，全死亡者に対する病院における死は1950年で11%，1970年38%，1980年57%，1993年77%と明らかな増加傾向がみられる。21世紀に入ってからは，厚生労働省の年間死亡者数と死に場所に関する統計では，病院での死は2005年で79.8%，2008年で78.6%などである。これに伴い，近年この死の判定基準に別の原理が導入されてきた。その代表例が「脳死（Brain Death）」であり，社会的にも大きな関心をよんでいる。脳死状態の登場は，朝鮮戦争（1950～1953）末期に人工呼吸器が臨床の場面に導入され，50年代後半から普及していったことによる。心臓は動いているが，外部からの刺激を与えても反応せず生きている兆候がみられない上，蘇生しない患者がいたのである。当時は「超昏睡」とよばれたが，この患者が実質的な脳死患者であった。すなわち，脳死は人工呼吸器という科学技術の産物で生じた人為的な症例と捉えられる。

そこで，1957年に世界麻酔学会はローマ法王にこの超昏睡を死とみなしてよいかなどの質問状を送った。法王は死の確定は医学上の問題であり，生への望みが客観的に考えられない場合には蘇生術を中止をすることが可能との回答を寄せた。ここから脳死状態＝死という関係が浮かび上がり，1960年代後半には「脳死」という言葉も登場し，医学上の議論の対象となったのである（小松美彦『死は共鳴する　脳死・臓器移植の深みへ』勁草書房，1996年）。

米国では，1968年にハーバード大学が脳死の判定基準を設けた。そして，死の概念やその判定が州によってまちまちでは，不都合が起る場合が考えられることから1981年には，「医の倫理に関する大統領委員会」が米国医師会，法律家協会，州法統一全国組織などとともに「死の定義」と題する報告書を提出した。死を次のように定義している。

循環および呼吸の不可逆的停止，または脳幹を含めた全脳の不可逆的機能停止のいずれかをもって人の死とする。死の決定は現在受け入れられている医学的基準によって行わなければならない。

さらに，死の判定は人工生命維持装置をはずす前に行うことができる。これにより生きた臓器および組織の供給を容易にすることができる（小坂樹徳『新版看護学全書１　医学概論』メジカルフレンド社，1989年）。

というように，臓器移植を念頭に入れた形で1990年代初頭までに40州で死の定義が法制化された。ただし，脳死の判定基準は国によって異なり，現在では30を超えている。

日本では，1974年に日本脳波学会脳死委員会が次のような脳死の判定基準を設けた。

① 深い昏睡
② 両側瞳孔散大，対光反射。角膜反射の消失
③ 自然呼吸の停止
④ 急激な血圧低下とそれに引き続く低血圧
⑤ 平坦な脳波
⑥ 以上の1～5条件が揃った時点より，6時間後までこれらの条件が満たされる。

これを基に，1985年に日本の厚生省の「脳死に関する研究班」（班長―竹内

一夫)が示したこの脳死の判定基準は，次のとおりである。

① 深い昏睡

② 自発呼吸の喪失

③ 瞳孔が固定し，瞳孔径が左右とも4ミリ以上になる。

④ 対光反射，角膜反射，毛様脊髄反射，眼球反射(人形の眼現象)，前庭反射，咽頭反射，咳反射の消失

⑤ 脳波が平坦になる。

⑥ 以上の条件が満たされた後，6時間経過をみて変化がない。二次性脳障害，6歳以上の小児では6時間以上観察する(図9)。

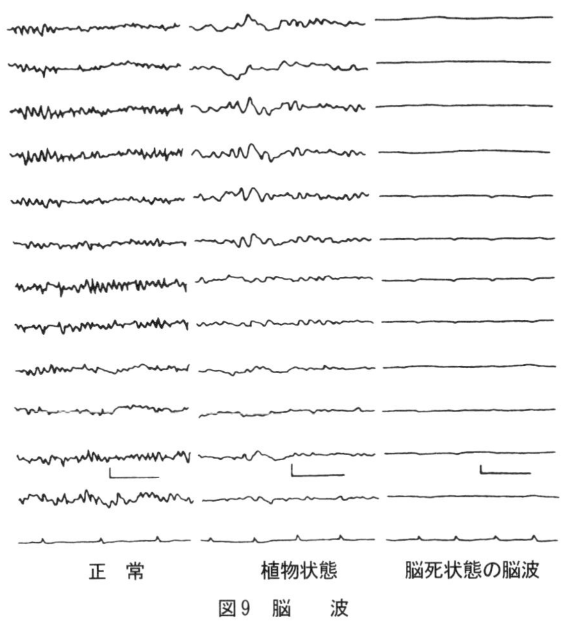

図9　脳　　波

(森山茂，溝口元『地球・物質・生命』開成出版，1993年)

2010年の臓器移植法の改訂からは，①深昏睡，②瞳孔が固定し瞳孔径が左右とも4ミリメートル以上であること，③脳幹反射(対光反射，角膜反射，毛様脊髄反射，眼球頭反射，前庭反射，咽頭反射，および咳反射)，④平坦脳波となった。そして，法的脳死判定は学会認定医の資格をもち，かつ脳死判定に関して貴重な経験を有し，しかも臓器移植にかかわらない医師2名以上で行うことと定められている。

脳死に対する各宗教の態度は以下のようである。

ユダヤ教…正統ユダヤ教は呼吸が止まるまで死とは認めない。より多様化したユダヤ教では脳死の容認もある。

ローマン・カソリック…精神が肉体から離れたときが死であり，いつ離れたかは教会が係わるべき問題ではない。多くのローマン・カソリック教の国が脳死を採用している。

ギリシャ正教…死の判定についての見解はとくにない。ギリシャでは1978年から脳死を容認。

プロテスタント…神学上の死の規定はなく，脳死を容認。

イスラム教…生と死の境に対する宗教上の規定はなく，脳死容認も可能。サウジアラビアでは脳死が容認されている。

ヒンズー教，アフリカの宗教…死についての宗教上の規定はとくにない。

仏教，神道…死についての宗教上の規定はとくにない。

（澤田愛子　脳死と臓器移植，今井道夫，香川知晶編『バイオエシックス入門』東信堂，1992年）

脳死を個人の死（個体死）と認めるどうか，このような基準が果たして妥当なのか，さらに脳死としばしば混同される「植物状態（植物人間）」に陥った場合の処置をめぐって，さまざまな立場から多くの議論がある。

(2)　植物状態

脳死とは，大脳の下部にある脳幹の部分が働かない状態である。脳幹と大脳の両方ともに機能しない状態が「全脳死」，脳幹の部分が働かない状態は「脳幹死」とよばれている。これに対して「植物状態（植物人間）」は，脳死とは逆に脳幹の部分は作用しているが大脳の機能低下が著しい状態である（図10）。

1972年に日本脳神経外科学会は「植物状態患者」を「医学的には遷延性意識障害」といい，正常な生活を行っていた人が疾病または，事故により，3ケ月以上，種々の治療にもかかわらず，次の6項目を満たす状態にあるものをいう。

①　自立移動が不可能である。

②　自立摂食が不可能である。

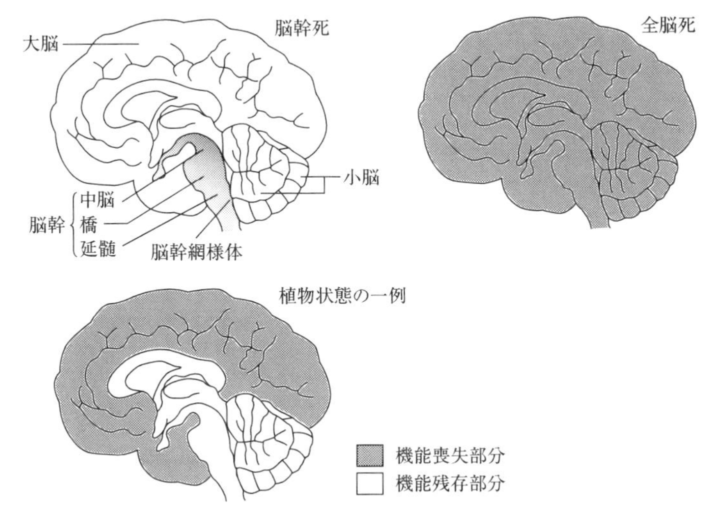

図10　脳死と植物状態

（加藤一郎他『脳死・臓器移植と人権』有斐閣，1986年）

③　屎尿は失禁状態にある。

④　声をだしても，意味のある発言がまったく不可能である。

⑤　眼を開き，手を握れというような簡単な命令にはかろうじて応ずることもあるが，それ以上の意志疎通が不可能である。

⑥　眼球はかろうじて物を追っても認識はできない。

（小坂樹徳『新版看護学全書１　医学概論』メジカルフレンド社，1989年）

[3] 臓器移植とその法律

(1) 臓器移植

先端医療技術を駆使しても回復や延命の可能性が見込めないほど重度の心臓病を患い，医学的判断からは余命がせいぜい3か月という患者を例にとろう。現在，われわれが取り得る選択肢は次の4つであろう。

① とくに大がかりな医療的処置はせず，余命を精一杯充実した気持ちで過ごす。

② 心臓の提供者の出現を待って心臓移植をする。

③ ヒト以外の動物，たとえばヒヒの心臓を移植する。

④ 人工心臓を利用する。

①を選択した場合には，その決意に対する感想は人さまざまで，QOLを高めるためのアドバイスは必要であるにせよ，医学・生物学的な立場からはとくに言及することはないだろう。検討しなければならないのは，可能な限りの医療的措置を施そうとする2以下の場合である。

②の心臓の提供者の出現を待つということは，とりもなおさず他の人間の死によって延命を図ることを意味する。また，その場合できるだけ機能が損なわれていない心臓の提供が望ましい。ここに脳死と「臓器移植(Organ Transplantation)」の接点がある。臓器の提供者(ドナー)と供与者(レシピエント)の関係を考えた場合，供与者は提供者の臓器を利用して生き延びていくので，提供者への感謝の気持ちばかりでなく，場合によっては心理的な抵抗が生じる可能性があるかもしれない。しかし，心臓移植以外には延命，回復の見込みがない心臓疾患がある患者が多数存在することは事実であり，日本ではその数は2,000人を下らないといわれている。

世界初の心臓移植は，1967年12月に南アフリカで行われ(19日目に死亡)，85年末までに2,000例を超えた。そして，88年にはこの年だけで世界中で約2,400例の心臓移植が行われている。日本では1968年8月に札幌医科大学で実施され(世界で30番目)，82日間生存した後死亡した例がある(表5)。そして，後に(p.132)詳しくみるように，1999年2月には，脳死者から摘出した心臓の移植が行われた。この第1例から2012年前半までに世界中で心臓移植は約110

万件実施されている。

③の場合は，1984年米国で先天的に心臓に疾患がある生後2週間目の新生児に対して，ヒヒの心臓を移植した例がある。術後3週間でこの子どもは死亡した。この異種間臓器移植は基礎的な研究が不充分であったにもかかわらず，手術を実行したことへの強い批判が起こった。また，仮に手術が成功したとしても，子どもの体が発育していくにつれて移植した心臓もそれに応じて成長，発達し充分に機能するかなどの疑問も指摘された。

表5　世界の心臓手術移植例

	年月日　国　名	被術者	提供者	病院と施術者	経　過
1	67.12. 3 南アフリカ	パスカンスキー(56)男	女(24)	フルーテ・スフール病院 クリスチャンバーナード	死亡(19日目)
2	67.12. 6 アメリカ	生後2週間の新生児	生後2日目の乳児	ニューヨーク・マイモニデス E・カントロウイッチ	死亡(6時間後)
3	68. 1. 2 南アフリカ	ブレイバーク(58)男	ハウプト	クリスチャンバーナード	
4	68. 1. 6 アメリカ	カスベラク(54)男	女(42)	スタンフォード大学 N・シャンウェイン	死亡(16日目)
5	68. 1. 9 アメリカ	ブッロク(57)男	クラウチ(29)	E・カントロウイッツ	死亡(10時間後)
6	68. 2.16 インド	男(35)	女(20)	エドワード王記念病院	死亡(2時間半後)
7	68. 4.12 フランス	ロブラン(56)男	男(23)	パリ・ラブ・チェン病院 モーリス・メリカディエ	死亡(3日目)
8	68. 5. 2 アメリカ	ライザー(40)男	男(43)	N・シャンウェイン	死亡(4日目)
9	68. 5. 3 アメリカ	トーマス(47)男	不　明	ヒューストン聖ルカ病院	
10	68. 5. 3 イギリス	ウエスト(45)男	男(26)	ロンドン国立心臓病院	死亡(46日目)
11	68. 5. 5 アメリカ	コブ(41)男	男(15)	ヒューストン聖ルカ病院	死亡(4日目)
12	68. 5. 7 アメリカ	スタックウィッシ(62)男	男(36)	ヒューストン聖ルカ病院	死亡(8日目)
13	68. 5. 9 フランス	ランス(65)男	男	モンベリエ・サンエロワ病院 エリツ・ネグシ	死亡(4日目)
14	68. 5.12 フランス	ブローニュ(45)男	男(39)	パリ・ブルセ病院	
15	68. 5.22 アメリカ	フイエロ(54)男	男(37)	ヒューストン聖ルカ病院	
16	68. 5.25 アメリカ	クレット(54)男	タッカー	バージニア大学	死亡(8日目)
17	68. 5.26 ブラジル	デクンハ(23)男	不　明	サンパウロ大学	死亡(28日目)
18	68. 5.30 カナダ	マーフィー(59)男	女(28)	モントリオール心臓研究所	死亡(3日目)
19	68. 5.31 アルゼンチン	セラノ(54)男	男(54)	シゲール・ベリンほか	死亡(6日目)
20	68. 6. 1 アメリカ	スミス　男	不　明	ヒューストン聖ルカ病院	死亡(8時間後)
21	63. 6. 7 アメリカ	マシュー(41)女	男(29)	ダラス・パークランド病院	死亡(5時間後)
22	68. 6.28 カナダ	ゲタン・パリス(49)男	男(23)	モントリォール心臓研究所	
23	68. 6.28 チ　リ	ペナローサ(23)男	不　明	アドミラルネフ海軍病院	
24	68. 7. 2 アメリカ	男(46)	不　明	ヒューストン聖ルカ病院	
25	68. 7. 9 チェコ	ホルバトバ(50)女	男(46)	プラチスラバ大学病院	死亡(同夜)
26	68. 7.19 アメリカ	エバーマン(58)男	女(33)	ヒューストン聖ルカ病院	
27	68. 7.23 アメリカ	ジャージエンズ(57)男	男(16)	ヒューストン聖ルカ病院	
28	68. 7.26 イギリス	フォード(48)男	男(34)	ロンドン国立心臓病院	死亡(3日目)
29	68. 7.30 イギリス	男(49)	不　明	ロンドン国立心臓病院	
30	68. 8. 8 日　本	宮崎信夫(18)男	山口義政(21)男	札幌医大　和田寿郎	死亡(82日目)

(溝口元，松原洋子，新妻昭夫『生物の科学』関東出版，1991)

そこで，④の人工心臓への期待が高まっている。現在，実際の臨床的な場面で長期間心臓の機能を代行するような人工心臓は開発されていない。1984年に米国で人工心臓を体内へ埋め込む手術が52歳の男性に対して行われたが，約4か月後に死亡した。しかし，人工臓器そのものに対する期待は一時的な利用や機能の一部の代行も含めて大きく，研究開発が著しく進展している。臓器移植にせよ，人工臓器にせよ，体内に埋め込まれた臓器がうまく定着し機能するかどうかが問題になる。前者では「移植拒否(拒絶反応)」の現象が知られ，後者では使われている素材の「生物学的適合性」が挙げられる。臓器や組織を移植すると免疫機構が作用して，臓器や組織を異物(抗原)として認識し，排除しようとする。そのため，臓器移植にはこのような移植拒否を抑えるため免疫抑制剤が利用されている。最近では，かなり優れた免疫抑制剤が開発されているが，感染症など様々な副作用が起る場合があることが指摘されている。

臓器移植は，心臓のほか腎臓や肝臓，すい臓，肺などでも行われている。これらの臓器は死体から提供を受けられることもあるが，脳機能がすべて停止した脳死者から摘出したものを利用すると良好な結果が得られる場合が多い。脳死者は生命維持装置などの機器を装填すると心臓は鼓動を続ける。しかし，通常脳死が訪れれば1週間以内に心臓も停止してしまうことが大半であるという報告がある(図11)。

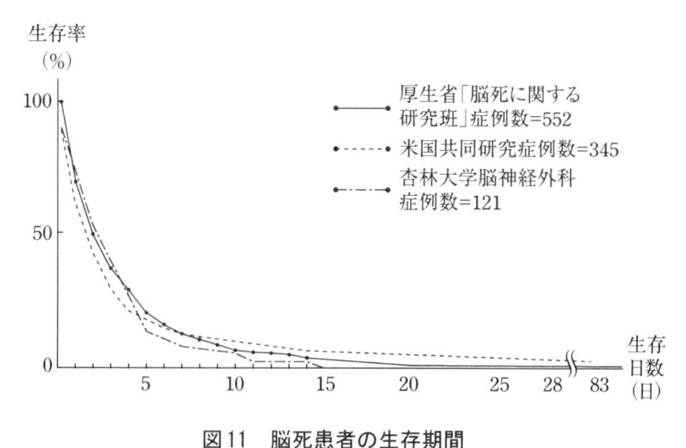

図11　脳死患者の生存期間

(竹内一夫『脳死とは何か』講談社，1987年)

(2) 臓器移植法

1992年1月末に「臨時脳死及び臓器移植調査会(脳死臨調)」の最終答申が出され，脳死を「人の死」とし，脳死者からの臓器移植を認めた。ただし，本人の生前の意思を最大限尊重することや，その意思が不明な場合は第3者のチェックを得ることを課している。

そして，1997年10月より「臓器の移植に関する法律」(臓器移植法)が施行された。

臓器の移植に関する法律

(目的)

第1条　この法律は，臓器の移植についての基本的理念を定めるとともに，臓器の機能に障害がある者に対し臓器の機能の回復又は付与を目的として行われる臓器の移植術(以下単に「移植術」という。)に使用されるための臓器を死体から摘出すること，臓器売買等を禁止すること等につき必要な事項を規定することにより，移植医療の適正な実施に資することを目的とする。

(基本的理念)

第2条　死亡した者が生存中に有していた自己の臓器の移植術に使用されるための提供に関する意思は，尊重されなければならない。

2移植術に使用されるための臓器の提供は，任意にされたものでなければならない。

3臓器の移植は，移植術に使用されるための臓器が人道的精神に基づいて提供されるものであることにかんがみ，移植術を必要とする者に対して適切に行われなければならない。

4……移植術を受ける機会は，公平に与えられるよう配慮されなければならない。……

(臓器の摘出)

第6条　医師は，次の各号のいずれかに該当する場合には，移植術に使用されるための臓器を，死体(脳死体を含む。以下同じ。)から摘出することができる。

(1)　死亡した者が生存中に当該臓器を移植術に使用されるために提供する意思を書面により表示している場合であって，その旨の告知を受けた遺族が当該臓器の摘出を拒まないとき又遺族がないとき。

(2)　死亡した者が生存中に当該臓器を移植術に使用されるために提供する意思を書面により表示している場合及び当該意思がないことを表示している場合以外の場合であっ

て，遺族が当該臓器の摘出について書面により承諾しているとき。

2　前項に規定する「脳死体」とは，脳幹を含む全脳の機能が不可逆的に停止するに至ったと判定された死体をいう。

3　前項の判定は，一般に認められている医学的知見に基づき厚生省令で定めるところにより，行うものとする。…………

（臓器売買等の禁止）

第11条　何人も，移植術に使用されるための臓器を提供すること若しくは提供したことの対価として財産上の利益の供与を受け，又はその要求若しくは約束をしてはならない。

この法律に基づいた臓器移植が1999年2月末に実施された。高知赤十字病院に，くも膜下出血で入院していた40歳代の患者が脳死と判定された。この患者は臓器提供の「意思表示カード」に，本人の意思で臓器提供を表明していた。摘出された臓器は，空輸され移植手術が行われる病院に運ばれた。心臓は大阪大学付属病院で47歳の肥大型心筋症の男性患者に，肝臓は信州大学付属病院で43歳の重い肝臓病患者にそれぞれ移植された。また，腎臓は東北大学病院と国立長崎中央病院で，角膜は高知医科大学付属病院に運ばれ移植手術が行われた。

しかし，問題点として脳死の判定で「臨床的な診断」と「法的な判定」という二つの基準があるような印象を与えてしまった感があることや，報道機関の臓器提供者のプライバシー保護が指摘された。脳死の判定は，法的基準に従わなければならないものである。また，15歳以下の子供には臓器移植法による移植手術が適用されないことも問題となった。

この脳死者からの臓器移植が行われた時期とほぼ同時に，総理府が「臓器移植に関する世論調査」（1998年10月実施）の結果を発表した。自分が脳死と判定された場合，臓器提供をしたいと思う人が31.6%，思わない人が37.6%と臓器提供を望まない人が望む人より多かった。また，意思表示カードを保持している人は2.6%であった。

・臓器移植法の改正

こうした臓器移植法は制定されたものの本人同意と家族の承諾が求められた。しかし，たとえば心臓移植以外，現実的な治療法は考えにくいとされる「心臓移植適応患者」の数は数百人と見込まれることから全く対応ができていない。とりわけ，15歳以下の子どもの場合は海外で移植手術を行うしか実質的な治療の方途はなかった。

一方，2008年には国際移植学会がトルコのイスタンブールで開催され，自国内での提供者を増加させる，臓器売買の禁止などを盛り込んだ「イスタンブール宣言」（正式名称は「臓器取引と移植ツーリズムに関するイスタンブール宣言」）が採択された。この宣言を受けて，日本では臓器移植法の改正論議が高まり，翌年から「臓器移植法」の一部が改正され，2010年より順次施行されたのであった。

臓器移植法の改正内容を以下に示す。

・臓器摘出の要件の改正

移植術に使用するために臓器を摘出することができる場合を次の(1)又は(2)のいずれかの場合とする。

(1)　本人の書面による臓器提供の意思表示があった場合であって，遺族がこれを拒まないとき又は遺族がないとき(現行法での要件)。

(2)　本人の臓器提供の意思が不明の場合であって，遺族がこれを書面により承諾するとき。

・臓器移植に係る脳死判定の要件の改正

臓器摘出に係る脳死判定を行うことができる場合を次の(1)又は(2)のいずれかの場合とする。

(1)　本人が　A　書面により臓器提供の意思表示をし，かつ，B　脳死判定の拒否の意思表示をしている場合以外の場合　であって，家族が脳死判定を拒まないとき又は家族がないとき。

(2)　本人について　A　臓器提供の意思が不明であり，かつ，B　脳死判定の拒否の意思表示をしている場合以外の場合　であって，家族が脳死判定を行うことを書面により承諾するとき。

・親族への優先提供

臓器提供の意思表示に併せて，書面により親族への臓器の優先提供の意思を表示することができることとする。

・普及，啓発(2010(平成22)年7月17日施行)

国及び地方公共団体は，移植術に使用されるための臓器を死亡した後に提供する意思の有無を運転免許証及び医療保険の被保険者証等に記載することができることとする等，移植医療に関する啓発および知識の普及に必要な施策を講ずるものとする。

・検　討

政府は，虐待を受けた児童が死亡した場合に当該児童から臓器が提供されることのないよう，移植医療に従事する者が児童に対し虐待が行われた疑いがあるかどうかを確認し，及びその疑いがある場合に適切に対応するための方策に関し検討を加え，その結果に基づいて必要な措置を講ずるものとする。

1997年の臓器移植法と2009年の改正法の変更点が次のようにまとめられている。

表6　現行法と改正法との比較

	現行法(改正前)	改正法	施行日
親族に対する優先提供	○当面見合わせる(ガイドライン)	○臓器の優先提供を認める	2010年1月17日
臓器摘出の要件	○本人の書面による臓器提供の意思表示があった場合であって，遺族がこれを拒まないとき又は遺族がないとき	○本人の書面による臓器提供の意思表示があった場合であって，遺族がこれを拒まないとき又は遺族がないとき，又は本人の臓器提供の意思が不明の場合であって，遺族がこれを書面により承諾するとき	2010年7月17日
臓器摘出に係る脳死判定の要件	○本人が A　書面により臓器提供の意思表示をし，かつ， B　脳死判定の拒否の意思表示をしている場合以外の場合であって，家族が脳死判定を拒まないとき又は家族がないとき	○本人が A　書面により臓器提供の意思表示をし，かつ， B　脳死判定に従う意思を書面により表示している場合 であって，家族が脳死判定を拒まないとき又は家族がないとき又は ○本人について A　臓器提供の意思が不明であり，かつ， B　脳死判定の拒否の意思表示をしている場合以外の場合であって，家族が脳死判定を行うことを書面により承諾するとき	

小児の取扱い	○15歳以上の方の意思表示を有効とする（ガイドライン）	○家族の書面による承諾により，15歳未満の方からの臓器提供が可能になる	
被虐待児への対応	（規定なし）	○虐待を受けて死亡した児童から臓器が提供されることのないよう適切に対応	
普及・啓発活動等	（規定なし）	○運転免許証等への意思表示の記載を可能にする等の施策	

（厚生労働省政策レポート http://www.mhlw.go.jp/seisaku/2010/01/01.html，2015年9月8日閲覧）

心臓移植希望者の日本臓器移植ネットワークへの登録は，臓器移植法が施行された1997年10月から開始され，1999年2月28日に1968年8月8日札幌医科大学で実施されて以来の心臓移植が再開された。心臓移植は，2014年末までに222件を数える（日本心臓移植研究会ホームページ，http://www.jsht.jp/ 2015年9月8日閲覧）。

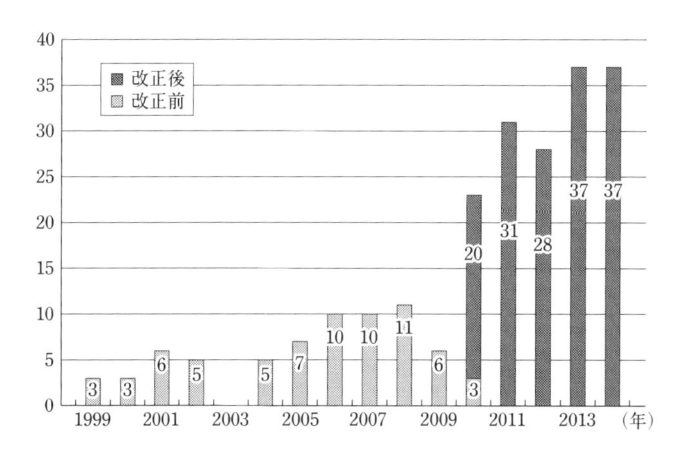

図12　心臓移植件数の推移（2014.12.31）

[4]　安楽死と尊厳死

(1)　安楽死

安楽死の語源はギリシア語の euthanatas(良き死)に求めることができる。日本で最初の安楽死の可否を問う裁判は1949年5月に起こった。「母親殺害事件」とよばれるものである。全身不随で精神的苦痛を訴え「殺して欲しい」とせがむ母に息子が青酸カリ(シアン化カリウム)を飲ませて死亡させた。この判決は身体的苦痛は認められず，精神的な苦しみから逃れることと死に至らしめることとは結び付かないというものであった。しかし，現行法の枠内で何が可能であるかの指針は示されたのである。それによれば，

① 現行の法律では安楽死の判断は不可能

② 安楽死の医療的処置は医師のみが行うべきである。

③ 疾病上の苦痛が対象であり，精神的苦痛は対象外

結局，この被告は嘱託殺人罪で懲役1年，執行猶予2年の有罪判決を受けた。

名古屋高等裁判所判決

重病に苦しむ肉親を見るに見かねて殺害し，裁判で罪に問われる事件は1980年代以降の急速な先端医療技術の進展に伴って起るものではない。1961年8月身体的苦痛を訴え「殺してくれ」と言う父親に母親を通じて息子が殺虫剤を飲ませて死亡させた事件が起った。「内山事件」とよばれるものである。1962年12月の名古屋高等裁判所の判決では，以下の条件をすべて満たした場合，殺害行為が違法ではないとされた。

・患者に回復の可能性がなく，死が迫っている。

・患者の苦痛が著しい。

・苦痛を緩和することが主目的である。

・患者の意識が明瞭な場合，本人が了解している。

・医師により行なわれる。

・倫理的に認められる方法で実施される。

この事件の被告は，これらの条件を満たしていないと判断され，嘱託殺人罪で懲役1年，執行猶予3年の有罪判決を受けた。

東海大学安楽死事件

1991年4月東海大学病院の一医師が「多発性骨髄腫」というがんの一種の末期患者に対して，患者の家族の懇願に応じ，死ぬことを承知で塩化カリウムを注射し，ほどなく息を引き取らせたという事件が起こった。末期がん患者を安楽死させたというものである。専門家，識者の間でも見解が分かれた。嘱託殺人罪に触れる可能性や医師の倫理，さらには末期医療の問題など，さまざまな課題を残したのであった。この医師は1995年3月の判決で懲役2年，執行猶予2年の有罪判決を受けている。その際，安楽死には以下の条件が示された。

① 耐え難い肉体的苦痛がある。

② 死期が目前に迫っている。

③ 苦痛を取り除く他の方法がない。

④ 本人の明確な意思表示がある。

京北病院事件

1996年4月京都府内の病院で起こった事件である。この病院の医師は40歳代後半の男性末期がん患者にがんの告知をせず，安楽死を求めているかどうかの意志の確認をしていなかった。それにも関わらず医師は家族に計らずこの末期患者に筋弛緩剤を投与し安楽死をさせた。この事件の医師は1997年2月に不起訴になっている。

川崎協同病院事件

東海大学安楽死事件，京北病院事件に次いで，社会的にも大きな話題となったのが川崎協同病院事件である。これは1988年11月，神奈川県川崎市の病院に勤務する女性医師が大気汚染が原因の公害病を患い，持病に気管支喘息がある50代の男性患者に筋弛緩剤を注射し，死亡させた事件である。

この患者は，持病から心肺・呼吸が停止し病院へ搬送された。蘇生術が功を奏し心臓は動き出したが意識は戻らなかった。そこで人工呼吸器につなげられた気管内チューブが装着された。自発呼吸が復活したので，人工呼吸器は外されたが，気管内チューブは残された。状態に改善が見られないことから「楽にしてあげる」ことを目的に医師は気管内チューブを外すことを提案，家族が同意したとしてチューブが抜かれた。しかし，患者は動き出したので，この医師は患者を「楽にするため」として，今度は筋弛緩剤を注射した。ほどなくこの患者は死亡した。というのが内容である。

この事件は安楽死に関する判決で述べられた条件が満たさせているとは思われず，病院はこの医師に当初，厳重注意を次に退職勧告をし，医師は病院を去った。しかし，殺人罪の疑いがあり，捜査が行われこの医師は逮捕された。

2005年3月に行われた横浜地方裁判所での第一審では，殺人罪の成立を認め，医師である被告を懲役3年執行猶予5年とした。控訴があり，東京高等裁判所での2007年2月の第二審では，家族に要請があったと認め，懲役1年6か月執行猶予3年となった。しかし，上告があり2009年12月に行われた最高裁裁判所第三法廷では，法律上許容される範囲の治療中止には当てはまらないとし，上告は棄却され第二審の判決が確定したのであった。最高裁判所まで裁判が続き，そこでの初の判断であったが，延命治療・尊厳死の要件が明示されたわけではなかった（川崎協同病院事件で女医の有罪確定へ　尊厳死の要件示さず，最高裁，厚生福祉，5691号，2009年）。

安楽死法

20世紀末から欧米では，安楽死を法制化する動きがみられた。そして，「安楽死法」という形の先鞭をつけたのがオランダであった。オランダの法務省は1991年に安楽死の定義を公表している（宮野彬『オランダの安楽死政策－カナダとの比較』，成文堂，1997年）。「安楽死とは，「患者本人の意志」，ならびに，そのものの「真摯で，継続的な要求」に基づいて医師がその患者の生命を「故意に」終わらせることである」としている。医師が積極的安楽死を行ってもよいとする条件として，

① 患者が不治の病
② 医療で緩和できない苦痛がある
③ 死期が迫っている
④ 患者の意志
⑤ 担当以外の医師の判断

などが挙げられている。2002年から施行され，明文化したものでは世界初といわれる。

日本の安楽死裁判でみてきたように，苦痛から逃れる手段が死しか残されて

いない厳しい状況や本人がそれを望んでいることが実施の要件である。医師が致死薬を投与(注射)する場合や，患者本人が致死に至る薬物を服用する場合もある。オランダの他に近隣のベルギーやルクセンブルグでも相次いで安楽死法が制定され，米国では1990年代のオレゴン州に次いで，2000年代末からは，ワシントン州，モンタナ州，バーモント州，ニューメキシコ州，カリフォルニア州などでも施行されるようになった。なかでも，たとえば，1991年11月にはワシントン州で安楽死法案をめぐる住民投票が行われた。成人で6か月以上存命の見込みがない末期患者に対して，医師の手助けにより苦痛を伴わず死を迎えさせることを認めるという提案がなされたのであった。ただし，二人の立会人が文書を作成して医師に安楽死を求めなければならず，こん睡状態，植物状態の患者は対象から外されていた。投票の結果は，賛成54%，反対46%であった。

このように末期患者の安楽死，尊厳死問題はきわめて複雑で，安易な解決が許されないものである。なかでも，回復不能な患者を社会的に価値のない生命とみなしてしまう風潮を助長しかねないことが懸念されている。

(2) 尊厳死

カレン事件

1975年4月，21歳の米国人女性カレン・クイラン(Karen A. Quinlan)は急性薬物中毒にかかり，植物状態に陥った。人工呼吸器につながれたままの機械による延命状態だったので，5か月ほどして両親は人工呼吸器を外して自然に息を引き取る「死ぬ権利」を求め，裁判所に訴えた。これは「カレン事件」とよばれているが，植物状態(人間)，死ぬ権利および尊厳死といった問題を広く世に知らせた出来事であった。1976年3月に最高裁判所は人工呼吸器を外すことを認め，5月には実際に外された。しかし，その後，意外にもカレンは自力で呼吸を続けたが，植物状態は好転せず10年後の85年6月に亡くなった。

こうしたカレン事件が審議されている間の1981年の9月末から10月初めに第34回世界医師会総会がポルトガルのリスボンで開催され「リスボン宣言」が採択された。ここに尊厳死に関わる事項が「患者は，尊厳をもって死ぬ権利を有する」と述べられている。

[5] 悲嘆ケア・死への準備教育と自死・自殺

(1) 悲嘆ケアと死への準備教育

悲嘆(グリーフ)とは，配偶者，親族，知人，友人，恩師，恋人など濃密な人間関係，愛情を感じていた人，心身ともに依存していた人，経済的な支えとなっていた人等を失った時に生じる気持ち，心理状態のことである。

これについては，ドイツ系米国の精神医学者リンデマン(Erich Lindemann, 1900-1974)の研究が良く知られている。1942年，彼が勤務していたマサチューセッツ総合病院がある米国ボストンのナイトクラブで火事が起こった。その際，亡くなった493名の家族の反応をまとめたものである。その過程は「急性悲嘆反応」と名付けられ，悲嘆研究の出発点となった。

以下の4つの段階を示すとした。

① 咽頭部の緊張，呼吸促迫，深い溜息，腹部膨満感など身体的虚脱感を示す段階。

② 「死んでしまいたい」という死の思い。

③ 罪悪感を覚える。

④ 敵対的反応。

⑤ 通常の行動パターンがとれなくなる。

また，リンデマンは，残された人の悲嘆反応が遅れるのは，その人が悲嘆ワーク(grief　work)を適切にしたかどうかによって決まってくることも見出している(エーリック　リンデマン著「急性悲嘆の徴候とその管理」，桑原治雄訳，「社会問題研究」49巻，1999)。

リンデンマンと同じく米国の心理臨床家ウォーデン(William J. Worden)によれば，

Ⅰ：喪失という現実を認識する。

Ⅱ：悲嘆の苦痛を乗り越える。

Ⅲ：死者が生前に担っていた役割の代替を含め故人不在の生活へ適応する。

Ⅳ：遺されたものの中に居場所を造り，現実の生活を続ける。

というモデル的な手続を示した(ウォーデン著，山本力・上地雄一郎・濱崎碧訳『悲嘆カウンセリング：臨床実践ハンドブック』，誠信書房，2011年)。

もっともこうした事態は，多様であり個人差がしばしばみられる。近親者の死が自覚の引き金となり自身の新たな生きる道を見出したり，生の意義への洞察，この世に生きるものとしての自覚などが起こる場合がある。逆に，悲嘆が長期化し精神的な傷が癒えずさらには，精神的な疾患に陥ることがあることも知られている。

こうした死による悲しみに遭遇した場合，そこから立ち直っていくことが求められる。これを悲嘆ワークと呼び，それを円滑に進むように支援していくのが悲嘆ケアである。この悲嘆ワークは，オーストリアの精神医学者・精神分析家のフロイト(Sigmund Freud，1856-1939)も言及している。彼はこれを「喪の作業(mourning work)」と呼んだ。この心のプロセスをフロイトは1917年に著した論文「喪とメランコリー(Trauer und Melancholie，英訳Mourning and melancholia)」の中で「喪の作業」と呼んだ(フロイト著，伊藤正博訳『喪とメランコリー』フロイ全集14，(新宮一成他編)，岩波書店，2010年)。

フロイトによれば，これまで眼前で関わってきた人は現実には亡くなり喪失された状態である。しかし，関係者の内的，心理的世界では依然としてその対象者に対するさまざまな思いが続く。これによって生ずる苦痛が悲嘆であり，それを断ち切っていき対象者との心理的関係を忘却などを含めて解消する心理的作業が「喪の作業」である。

我々は，生きている限りさまざまな喪失の場面と遭遇する。また，個人の生は遅かれ早かれ終結する。それをどのように捉えるかが問われている。医療現場においては，医学的に死が想定される状況を告知された場合，キューブラー・ロスの言説にあったように否認という態度をとることがある。しかし，それに伴い抑鬱などの症状に陥ることも知られている。喪の作業，悲嘆ワークは人生において必要であり，そのための悲嘆ケアの重要性もますます高まっている。

死への準備教育

こうした状況から近年，死を恐れ忌み嫌うのでは積極的にとらえていこうとする機運が高まるようになってきた。「よりよき死のために」「人生の店じまい」などとの形容も見られる。そのために，学童期から死を教育していく実践もこころみられている。たとえば，理科の時間に生物を解剖して，各部の形態や機能を学ぶと同時に死についても考えるのである。また，文学作品の内容や近親者の死についても議論を交すなどの試みがなされ，これからますますこの死を正面から受け止めていこうとする傾向が強まっている。

死の準備教育の目標として次の15が挙げられている。

① 死へのプロセス，ならびに死にゆく患者の抱える多様な問題とニーズについて理解を促す。

② 生涯を通じて自分自身の死を準備し，自分だけのかけがえのない死を全うできるように，死についてのより深い思索を促す。

③ 身近な人の死に続いて体験される悲嘆のプロセスとその難しさ，落し穴，そして立ち直りに到るまでの段階について理解する。

④ 極端な死への恐怖を和らげ，無用の心理的負担を取り除く。

⑤ 死にまつわるタブーを取り除く。

⑥ 自殺を考えている人の心理について理解を深める。

⑦ 告知と末期がん患者の知る権利についての認識を徹底させる。

⑧ 死と死へのプロセスをめぐる倫理的な問題への認識を促す。

⑨ 医学と法律に関わる諸問題についての理解を深める。

⑩ 葬儀の役割について理解を深め，自身の葬儀の方法を選択して準備するための助けとする。

⑪ 時間の貴重さを発見し，人間の創造的次元を刺激し，価値観の見直しと再評価を促す。

⑫ 死の芸術を積極的に習得させ，第3の人生を豊かなものにする。

⑬ 個人的な死の哲学の探究

⑭ 宗教における死のさまざまな解釈を探る。

⑮ 死後の生命の可能性について積極的に考察するように促す。

(アルフォンス・デーケン編『死を考える』，叢書　死への準備教育　第1巻，メディカルフレンド社，1986年)

(2)「自死」と「自殺」

近年，日本では「自殺(suicide)」と言わず，「自死」という言い方が増えてきた。「自殺」は，自ら「殺」す，であり「命を粗末にした」，「勝手に死んでいった」など身勝手な行為と受け取られかねないからである。これが誤解や偏見につながり，残された家族を苦しめる。自らを殺した(自殺)わけではなく，様々な問題を抱え自ら死んでしまった(自死)と考えるのである。組織としても2008年に「全国自死家族連絡会」が193名の会員から設立された。そして，「全国自死家族フォーラム」の第1回会合が宮城県で開催され約150家族が出席した。2013年には会員が1670名までに増加している。

内閣府が公表している統計的な数字を使いながら，日本における自死(自殺)を概観してみよう。ここ約30年間の男女別自死(自殺)者数は以下の通りである。

表7　男女別自殺者数　(単位：人)

	1980年	1985年	1990年	1995年	2000年	2005年	2010年	2014年
男	13155	15624	13102	14874	22727	23540	22283	17386
女	7893	7975	8244	7571	9230	9012	9407	8041
計	21048	23599	21346	22445	31957	32552	31690	25427

とくに，2008年から2011年までの連続14年間，自死(自殺)数が3万人(交通事故の約4倍)を超え，大変な社会問題になり対策の必要性が叫ばれようになった。その結果，2011年から減少傾向が見られ，2015年は23,971人であった。

最近のデータの分析から，日本の自死(自殺)の実態をまとめると次のようである。自死(自殺)者の約3割は60歳以上であり，70歳以上の高齢者も約6,000人いる。職業別でみると，多い順に被雇用人，無職者，年金生活者，自営業である。原因は，健康問題，経済問題，家庭問題であり，どの年齢層も健康問題が原因の1位。とくに65歳以上の高齢者では，原因・動機の約7割が健康問題である。

高齢者の自死(自殺)の背景

高齢者の多くは自分の健康状態について否定的な評価を下しがちである。病気を大きなストレスと感じてしまい，「楽になりたい」とか「元の体に戻らないのであれば死んだ方がましだ」というような言動が目立つ。

健康問題では「うつ病」が大きな原因であり，うつ状態が引き金となり未遂を含めて自死(自殺)に繋がっていると考えられている。近親者や知人・友人の喪失を機に閉じこもりがちとなり，孤独・孤立状態からうつに至る場合もしばしばみられる。

高齢自死(自殺)者の多くが生前，家族に「長く生きすぎた」，「迷惑をかけたくない」ともらしており，これが家族への精神的負担につながっている。

心身両面の衰えを自覚し，同居する家族に看護や介護の負担をかけることへの遠慮が生じる。高齢自死(自殺)者の多くは家族と同居で，単身生活者は5%以下である。

こうした状況から「国際連合自殺予防ガイドライン」(1996)を念頭に，各国の実状に合わせた独自の予防策が取られるようになってきた。まず，法律的側面からは「自殺対策基本法」(2006年法律第85号)がある。基本理念として自殺対策は，自殺が個人的な問題としてのみとらえられるべきものではなく，その背景に様々な社会的な要因があることを踏まえ，社会的な取組として実施されなければならない。と述べている。

「自殺総合対策大綱～誰も自殺に追い込まれることのない社会の実現を目指して」(2007年6月8日閣議決定)

＜自殺は追い込まれた末の死＞

自殺は，個人の自由な意思や選択の結果と思われがちであるが，実際には，倒産，失業，多重債務等の経済・生活問題の外，病気の悩み等の健康問題，介護・看病疲れ等の家庭問題など様々な要因とその人の性格傾向，家族の状況，死生観などが複雑に関係している。

＜自殺は防ぐことができる＞

世界保健機関が「自殺は，その多くが防ぐことのできる社会的な問題」であると明言しているように，自殺は社会の努力で避けることのできる死であるというのが，世界の共通認識となりつつある。などの文言がみえる。

我が国の地域における自殺(自死)防止の取り組みとしては，人口10万人あたりの自死(自殺)者数が多い新潟県が早かった。1985年には「老人の心の健康増進及び自殺防止」を定め，精神科医が積極介入したり，高齢者うつ病の早期発見集中治療の実施。さらに保健師の定期訪問や地域住民への啓発活動，医療モデルとコミュニティモデルの連携などが試みられていた。

また，自殺率全国一といわれた秋田県では「秋田大学自殺予防研究プロジェクト」（2005）が策定され，2010年までに自死（自殺）者数を22,000以下にすることを含めた国の健康増進施策「健康日本21」（2000）を受けた「健康秋田21計画」の下，モデル事業を実施した。その一つには新たな公衆衛生学的アプローチとして「ヘルスプロモーション」の考えを大幅に導入したものであり，疾病予防から健康増進の考えを打ち出したものである。

地域に根差した対策を講じることで人口10万人当たりの自殺率が2006年では39.1であったものが2013年26.9にまで下がっている。もっとも，人口10万人当たりの自死（自殺）率を比較すること自体に疑問もある。秋田県は高齢者が多い県であり，高齢化と自死（自殺）のリスクとの間には密接な関係が考えられるからである（本橋豊『自殺が減ったまち　秋田県の挑戦』岩波書店，2006年）。

実際，警察庁の発表によれば，2015年の人口10万人当たりの自死（自殺）者数は多い順に秋田26.8人，島根25.1人，新潟24.9人であった。

tea break 葬式と悲嘆ワーク

お経を読むことは，死者が極楽世界に生まれ変わることが約束され，遺族が気持ちを整理して死を受け入れやすくするという意味がある。それが心を癒す悲嘆ケアにつながるとは，ある僧侶の新聞への投書(朝日新聞2016年1月13日)である。

葬儀は，宗教や歴史，伝統，文化の特徴的な一面であるとともにまさに多種多様各種各様である。遺体も火葬，土葬，水葬，さらには鳥葬，宇宙葬なども話題になった。近年では，伝統的な「墓」ではなく，樹木葬や海洋，山中などへの散骨，さらには生前葬，いやそもそも葬儀は必要ないなどの考えもある。しかし，いずれにせよ共通していることは，肉親，愛する人，お世話になった人とのお別れである。悲しい感情の思いを出せる場所，気兼ねせず号泣できる場が宗教施設という考え方もある。また，こうした人たちの悲嘆にくれる人々をそのまま受け止め，受け入れてくれるのが宗教者であろう。

一方，日常的にあるいは業務としてしばしば死に関わるのが医療従事者であろう。その中の一つの職種であるホスピスに勤務する看護師が悲嘆ケアに対してどのように捉えているのかについて調べた研究がある。それによれば，治療が目的の一般病棟では，亡くなっていく患者やその家族へのケアが必要だと思われていたのに全くされていなかったという。それに対し，ホスピスでは，患者を通してつながっていた家族と看護師が，患者の死後もケアを必要としている対象として関係を持続する形のケアが望ましいという。

従来，悲嘆ケアは遺族にとっては有用だが，医療従事者には無力感やストレスを感じる契機さらにはそこからバーンアウト，配置転換，退職を希望する要因になりうると考えられていた。しかし，悲嘆の現場に立ち会う事で医療従事者の親族との関係，人生観，死生観についての振り返りが行われる機会という肯定的な面も見られるとしている(米虫圭子・坂口幸弘・田村恵子，ホスピス病棟に従事する看護師にとってのグリーフケア提供の意義とその影響，死の臨床，32巻2号，2009年)。

索　引

す

せ

そ

著者略歴

溝口　元（みぞぐち　はじめ）

1953年　長崎県生まれ

1983年　早稲田大学大学院理工学研究科博士課程修了　　理学博士

　　　　立正大学短期大学部社会福祉科教授をへて

現在　　立正大学社会福祉学部社会福祉学科教授

　　　　神奈川大学，立教大学講師

　　　　社会福祉士，精神保健福祉士，介護福祉士

専攻　　生命科学論

主な著書

『科学の歴史―近代科学の成立と展開』，『通史　日本の心理学』（編著），「家庭支援論」（編著），『二〇世紀自然科学史　生物学　上・下』（共著），『遺伝学の歩みと現代生物学』（共著），『発生システムと細胞行動』（共著），『スキャンダルの科学史』（共著），『地球・物質・生命』（共著），『禅と生命科学』（共著），『科学史の事件簿』（共著），『テクノ時代の創造者』（共著），「科学の真理は永遠に不変なのだろうか」（共著），「ダーウィンの世界 ダーウィン生誕200年－その歴史」（共著），「自然科学のとびら」（共著），『Sponge Science - Multidisciplinary Perspective』（共著），『ウィルヒョウの生涯』（共訳），『写真で読むアメリカ心理学のあゆみ』（共訳）他

生命倫理と人間福祉

2016年4月30日初版発行

著　者――――**溝口　元**

発行者――――森田富子

発行所――――㈱アイ・ケイ コーポレーション
　　　　　　東京都葛飾区西新小岩4-37-16
　　　　　　メゾンドール I&K
　　　　　　電　話（03）5654-3722,3723
　　　　　　ＦＡＸ（03）5654-3720

組　版――――㈲ぷりんてぃあ第二

印刷所――――東京アートワーク

定価は表紙に明記してあります